Stimmen zu DAS IST LEAN

„*Das ist Lean* gibt eine leicht zugängliche, gut strukturierte und inspirierende Erklärung und Beschreibung von Lean. Am wichtigsten sind vermutlich der Wert und die Auswirkungen einer gemeinsamen Entwicklung der gesamten Organisation und der strukturierten Arbeitsweise – von Mitarbeitern bis zu Führungskräften. Hierdurch ergeben sich enorme Vorzüge sowohl für die Mitarbeiter als auch für das Unternehmen und die Organisation – und nicht zu vergessen für den Kunden!“

HANNA BRANDT GONZÁLEZ
Staatssekretärin, Unionen (größte Gewerkschaft in Schweden)

„*Das ist Lean* ist weit mehr als ein reißerischer Titel für ein weiteres Buch zum Thema Lean. Es ist eine schlanke Betrachtung einer speziellen operativen Strategie von fundamentaler Bedeutung für Organisationen, die danach streben, für diejenigen Werte zu schaffen, die Werte erhalten möchten. Es beschreibt die Werte, Prinzipien, Methoden und Werkzeuge, die eine dynamische Sicht der Voraussetzungen für Verbesserungen ausmachen. Und es tut dies auf ressourceneffiziente Art – auf weniger Seiten als vergleichbare Bücher – und mit Flusseffizienz – da der Bedarf des Lesers nach Verständnis des Themas im Zentrum steht.

Modig und Åhlström haben großen Respekt für ihre Leser, die sie als gleichwertige Teammitglieder behandeln. Sie erzählen Geschichten, verwenden Metaphern und zeichnen Szenarien auf, um die zentralen Konzepte zu visualisieren und Fehlauffassungen aufzudecken. Sie haben großen Respekt für die Geschichte des Toyota Production Systems. Dies wird in dem Respekt deutlich, den sie dem Umsetzen einer schlanken operativen Strategie entgegenbringen. Und schließlich geben sie ihren Lesern ein klares Bild darüber, was sie unter Angeln verstehen (Einstellung im Hinblick auf Veränderungen), lassen aber gleichzeitig dem Leser genügend Raum, seine eigene Angelmethode zu entwickeln.“

PROFESSOR PAUL COUGHLAN
Trinity College Dublin

„Das Schwedische Sozialversicherungsamt, das für die Verwaltung fast der Hälfte des schwedischen Etats verantwortlich ist, führt Lean schrittweise in seine Arbeitsabläufe ein. Teile der Organisation befinden sich in der Einführungsphase des Prozesses und sind bereits gut vorangekommen. Unabhängig davon, wie weit die einzelnen Abteilungen im Prozess gekommen sind, spielt *Das ist Lean* eine wichtige Rolle für unser Verständnis von Lean. Daher hat das Buch großen Einfluss auf einen der wichtigsten Akteure des schwedischen Wohlfahrtssystems."

DAN ELIASSON
Generaldirektor des Schwedischen Sozialversicherungsamts

„*Das ist Lean* ist ein phantastisches und originelles Buch, das einen Beitrag leistet, Menschen zu helfen, zu verstehen, um was es bei schlankem Management geht. Es repräsentiert Ideen und Konzepte auf eine einzigartige, leicht verständliche Art und Weise, die für alle leicht umsetzbar ist. Ein fantastisches Buch. Ich bin wirklich total begeistert."

PROFESSOR BOB EMILIANI
Central Connecticut State University

„Für mich geht es bei Lean um kontinuierliches Lernen! Unabhängig davon, ob ich gewinne oder verliere, bin ich immer bestrebt, etwas Neues zu lernen. In *Das ist Lean* wird beschrieben, warum Toyota zu einer der erfolgreichsten Organisationen der Welt geworden ist. Bei Toyota steht das kontinuierliche Lernen immer im Zentrum. Es ist die Lernfähigkeit, die zu einem nachhaltigen Erfolg führt."

MAGDALENA FORSBERG
Biathlon-Legende, inspirierende Referentin und Ratgeberin

„*Das ist Lean* beschreibt, wie Organisationen eine operative Exzellenz auf Weltklasseniveau entwickeln können. Es beschreibt Teamwork, Respekt, darum, wie man sich selbst und sein Team herausfordert und kontinuierliche Verbesserung. Hierbei spielt es keine Rolle, ob es sich um eine Organisation oder um einen Hochleistungssportler handelt, die Schlüssel zum Erfolg sind allgemein gültig. Leistung auf Weltklasseniveau ist eine Frage der richtigen Grundeinstellung."

PETER „FOPPA" FORSBERG
Eishockeylegende und Investor

„Lean ist ein Begriff, den man sich gut einprägen kann, aber ein relativ kompliziertes Konzept, das sich nicht direkt erschließt. Viele Führungskräfte weltweit glauben immer noch, dass es bei schlanker Produktion um das Einsparen von Kosten geht, das ist jedoch falsch. *Das ist Lean* ist eines der umfassendsten, leicht verständlichsten und unterhaltsamsten Büchern zum Thema und wird Ihnen helfen zu verstehen, worum es bei dieser wichtigen Managementphilosophie des 20. und 21. Jahrhunderts eigentlich geht."

PROFESSOR TAKAHIRO FUJIMOTO
Universität Tokio

„Dieses Buch zum Thema Lean Management ist eine Pflichtlektüre für Führungskräfte und Mitarbeiter im Produktions- und Dienstleistungssektor. Modig und Åhlström haben eine fantastische Arbeit geleistet, nicht nur bei der Auswahl der wichtigsten Konzepte aus dem schier unendlichen Angebot an Literatur zum Thema Lean Management, sondern auch, indem sie kristallklare Erklärungen der unterschiedlichen Konzepte liefern. Nur zu oft enthalten Sachbücher zum Thema Management interessante, aber oberflächliche Information, in diesem Buch steht jedoch kein Satz zu viel. Wenn Sie Ihre Geschäftsprozesse effizienter machen wollen, stellen Sie sicher, dass jeder in Ihrer Organisation dieses Buch liest, das Ihre Mitarbeiter nicht nur über die schlanken Konzepte informiert, sondern sie auch inspiriert, die Konzepte umzusetzen."

PROFESSOR KEITH GOFFIN
Cranfield School of Management

„Wir setzen die Ideen, die in dem Buch beschrieben werden, in zahlreichen Bereichen um, einschließlich IT und F&E. Eine gemeinsame Sprache und Methodik vereinfachen eine übergreifende funktionelle Interaktion, die in einem flussorientierten Unternehmen eine Notwendigkeit ist. Den Autoren ist es gelungen, ein komplexes Thema dank logischer und leicht verständlicher Beschreibung einer breiten Masse zugänglich zu machen."

PER HALLBERG
Acting President and CEO, Scania

„Mir hat *Das ist Lean* ausgesprochen gut gefallen – eindrucksvoller Anfang, die durchgängige Verwendung von Beispielen und Illustrationen, gut geschrieben und vor allem - eine gründliche, umfassende Präsentation der Konzepte. Das Buch ist eine äußerst wertvolle Bereicherung für unser Gebiet.“

PROFESSOR TERRY HILL
Emeritus Fellow, University of Oxford

„Wir haben die Tendenz, meist zu häufig veröffentlichten Erfolgsgeschichten zu greifen, um uns über Lean zu informieren. Es ist jedoch so, dass sich Lean kontinuierlich weiterentwickelt und sich an jedes neue Konzept anpasst, für das es eingesetzt wird. Daher führt das schlichte Kopieren des Rezepts eines anderen selten zu einer nachhaltigen Implementierung von Lean. In *Das ist Lean* gehen Niklas Modig und Pär Åhlström einen wichtigen Schritt weiter, indem sie hinter die gängigen Erklärungen blicken und die fundamentalen Mechanismen aufzeigen, die tatsächlich ablaufen. Es ist ein wahrhaft aufschlussreiches Buch, das für Dienstleistungs- und Herstellungsunternehmen gleichermaßen beim Festlegen und als Hilfestellung bei der eigenen schlanken Reise hilfreich ist.“

PROFESSOR MATTHIAS HOLWEG
Saïd Business School, University of Oxford

„Das beste Buch, das ich zum Thema Lean gelesen habe. Es ist gut geschrieben, leicht zu lesen und pädagogisch. Eine Pflichtlektüre für alle, die an einer Verbesserung des Gesundheitssystems interessiert sind. Das Karolinska Universitätskrankenhaus in Stockholm hat das Buch zur Ausbildung von 600 Führungskräften verwendet.“

BIRGIR JAKOBSSON
CEO, Karolinska Universitätskrankenhaus, Stockholm

„Ein leicht zu lesendes Buch, das Interessierten ein grundlegendes Verständnis von Lean vermittelt, für die bereits Eingeweihten Ordnung in die verschiedenen Konzepte bringt und diejenigen herausfordert, die meinen, dass sie bereits lean sind. Ein wundervolles Leseerlebnis, das ich Mitarbeitern, Führungskräften, Aufsichtsratsmitgliedern, Politikern und allen anderen empfehlen möchte, die ihrer Arbeit einen Mehrwert zuführen möchten.“

HANS KARLSSON
Generaldirektor Värmland Provinzregierung, Schweden

„*Das ist Lean* ist ein äußerst relevanter Lesestoff für Führungskräfte in allen Typen von Industrien. Es zeigt, dass operative Exzellenz kein statischer Zustand ist, sondern ständig neu erfunden und optimiert werden muss. Erfolgreiche Unternehmen können ihren Wettbewerbsvorteil am besten dadurch erhalten, indem sie immer zu einer Perspektive zurückkehren, bei der der Kunde im Zentrum steht. Mit zu vielen Akteuren in einer Organisation, die in unterschiedliche Richtungen drängen, kann die Rückkehr zum Kundenerlebnis eine Erleichterung sein! Lean ist eine Einstellung, die in diesen schwierigen Iterationen hilft, die Richtung zu bestimmen. Ich kenne kein anderes Buch, in dem das Konzept und die Anwendung von Lean besser beschrieben werden!"

JOHN LAGERLING

Vice President, Business Development, Mobile and Product Partnerships, Facebook Inc.

„Das Buch beleuchtet ein Phänomen, das heutzutage im schwedischen Rechtssystem weit verbreitet ist. Die einzelnen Bereiche sind in sich effizient, aber da sie unabhängig voneinander arbeiten und es keine Koordination gibt, ist das System als Ganzes ineffizient. Ein stärkerer Fokus auf Flusseffizienz im Rechtsprozess führt zu einem menschlicheren und schnelleren Durchlauf. Außerdem würden die Kosten für den Staat hierdurch sinken."

ANDERS LECKNE

Generaldirektor, Untersuchungsgefängnis Kronoberg, Schweden

„Es ist eine enorme Herausforderung, in einer globalen Organisation mit 1 600 Niederlassungen ein einheitliches Verständnis von Lean zu implementieren. Das Buch wird uns bei unseren kontinuierlichen Anstrengungen, den gelieferten Kundenwert zu verbessern, eine große Hilfe sein."

CHRISTIAN LEVIN

Executive Vice President, Head of commercial Operations, Scania

„Die Autoren haben eine einfache und logische Struktur entwickelt, um Lean verständlich zu machen. Das Buch hat unserer Organisation geholfen, sich auf die richtigen Fragen zu konzentrieren."

HANS NARFSTRÖM

Senior Vice-President, Services Operations and SRS Office, Scania

„Das Buch ist ausgesprochen inspirierend und richtet sich sowohl an Anfänger als auch an solche, die bereits meinen zu wissen, um was es bei Lean geht. Mein Managementteam und ich hat das Buch derartig inspiriert, dass ich mich entschloss, allen 1 100 Mitarbeitern in meiner Organisation ein eigenes Exemplar als Inspiration und Unterstützung in unserer Strategie zukommen zu lassen, eine schlanke Organisation zu werden. *Das ist Lean* hat der gesamten Organisation die Möglichkeit gegeben, eine gemeinsame Sprache zum Thema Lean zu entwickeln, was eine Voraussetzung dafür ist, dass Lean in großen Organisationen funktioniert. Das Buch lässt sich leicht lesen, hat einen pädagogischen Aufbau und ist überzeugend. Ich kann das Buch wärmstens empfehlen."

ULF NÄSSTRÖM
Vice President, Saab AB, Business Area Electronic Defence Systems

„*Das ist Lean* liest sich wie ein guter Roman … es nimmt uns bereits vom ersten Absatz (die Krebsfälle) an gefangen, weckt das Interesse für die Protagonisten (das umfassende Konzept der Flusseffizienz), stellt Handlung und Details nach und nach vor (die Gesetze und Theorien), bevor die Wichtigkeit der Beziehungen (das Schaffen und Entwickeln von schlanken Organisationen) enthüllt wird und Ihnen das Gefühl gibt, dass Sie (durch das Annehmen von Lean) glücklich bis ans Ende Ihrer Tage leben werden. Die Beispiele und Erklärungen im Buch sind erstklassig. Ich habe mich selbst bereits mit Lean beschäftigt und es im öffentlichen Dienst eingesetzt. Einzigartig an diesem Buch ist, dass es auf konsequente und relevante Art Neuland betritt, indem es die Konzepte ins Zentrum stellt. Es ist ein absolutes Muss sowohl für Anfänger als auch für Experten. Und genau wie mit jedem anderen Buch oder Roman lernt man bei jedem Lesen immer wieder etwas Neues!"

PROFESSOR ZOE RADNOR
Loughborough University

„Bei der Mode geht es um Selbstdarstellung, darum, Wünsche zu wecken und Menschen träumen zu lassen. Außerdem unterliegt Mode naturgemäß Veränderungen; daher sind Flexibilität, Reaktionsvermögen und kurze Produkteinführungszeiten die zentralen Eigenschaften, die heutzutage moderne Modehäuser prägen. *Das ist Lean* fasst auf umfassende Weise zusammen, wie gut geführte Unternehmen über die gesamte Wertschöpfungskette einen Fluss schaffen und ein

Bewusstsein darüber entwickeln können, was ihre Endkunden wirklich glücklich macht. Lean ist einfach – aber nicht leicht. Ich kann jeder Führungskraft, die mit weniger Mitteln mehr erreichen will, dieses Buch wärmstens empfehlen."

MIKAEL SCHILLER
Executive Chairman, ACNE Studios

„*Das ist Lean* ist einfach fantastisch. Wirklich gut zu lesen, interessant, relevant und klug. Besonders gut gefallen mir die Geschichten, die es so lebendig machen."

PROFESSOR NIGEL SLACK
Emeritus Professor, Warwick Business School

„Die Welt befindet sich in einer ernsthaften Krise. Wir müssen neue Wege finden, die Ressourcen zu verwalten und die Risiken der Verknappung zu mildern. *Das ist Lean* verdeutlicht, dass die derzeitige Sichtweise von „wahrer Effizienz" inkorrekt ist. Organisationen suboptimieren und verschwenden Ressourcen, ohne es zu wissen. Das Buch beschreibt die neusten Erkenntnisse darüber, wie wir unsere Einstellung zu operativer Exzellenz reformieren und erneuern müssen. Außerdem verdeutlicht es, die entscheidende Rolle, die ganzheitliches Denken, Integration und der Fokus auf den Endverbraucher für das Schaffen wirtschaftlicher und sozialer Werte spielen."

PETTER STORDALEN
Investor, Hotel-Tycoon, Bauunternehmer und Umweltschützer

„*Das ist Lean* ist eine hervorragende Einführung in die schlanke Denkweise und eine große Hilfe beim Schaffen einer einheitlichen Vorstellung und einer gemeinsamen Sprache über die gesamte Organisation hinweg. Zuerst las das leitende Management das Buch und führte einen Workshop mit einem der Autoren durch. Danach beschlossen wir, für alle Führungskräfte ein Exemplar des Buchs anzuschaffen. Jetzt kennen und verstehen alle, was es mit unseren zwei wichtigsten Prinzipien „Flusseffizienz" und „Qualitätssicherung in jedem Schritt" auf sich hat."

BRITTA WALLGREN
Leitende Geschäftsführerin, Capio S:t Görans Krankenhaus, Stockholm

„Als ich *Das ist Lean* las, war ich äußerst positiv überrascht. Es beschreibt Lean auf sehr leicht verständliche, einfache Weise. Wir verwenden es bei Ericsson ständig und ich empfehle es allen, die sich einen schnellen Überblick über Lean und dessen Vorteile machen möchten."

JOHAN WIBERGH

Executive Vice President and Head of Segment Networks, Ericsson

„In meinen 25 Jahren in der Automobilindustrie habe ich zahlreiche Bücher gelesen, die von sich behaupten, die wahre Essenz von Lean zu beschreiben. Dieses ist mit Abstand das Beste. Die Art, wie Lean beschrieben wird, wird vielen die Augen öffnen, die das Potenzial dieses komplexen Konzepts noch nicht verstanden haben. Für alle, deren Aufgabe es ist, Wertschöpfungsketten zu managen, ist das Buch ein absolutes Muss."

LARS WREBO

Senior Vice President, Purchasing and Manufacturing, Volvo Car Corporation

DAS IST LEAN

DAS IST LEAN

DIE AUFLÖSUNG DES EFFIZIENZPARADOXONS

NIKLAS MODIG & PÄR ÅHLSTRÖM

Stockholm 2026

DAS IST LEAN
ISBN 978-91-87791-09-3
Zehntel Druck

ÜBERSETZUNG: Vera Wiltberger
LEKTORAT: Christiane Zwolinska
GESTALTUNG: Sheelagh Gaw/Helena Lundin
ILLUSTRATIONEN: Helen Bågeryd
UMSCHLAG: Joakim Palm Karlsson/Babak Shermond
UMSCHLAGBILD: iStockphoto
UMSCHLAGBILD, PORTRAIT: Lasse Lychnell

VERTRIEB DURCH:
Rheologica Publsihing, 2026
www.rheologica.com

DRUCK: Bulls Graphics AB, Halmstad, 2026

Für Professor Christer Karlsson,
der Lean nach Schweden gebracht hat.
Von Ihrem ersten und einzigen SSE PhD.

Vorwort

Vor Jahren lernte ich den Wert der Vereinfachung von einem Produktionsmanager, der gerade eine neue Position als Werksleiter angetreten hatte. Er erklärte, wie ihm das Vereinfachen half, die Zusammenhänge zu verstehen, anstelle etwas zu optimieren, das zu komplex und somit unüberschaubar war.

Dieses Buch verdeutlicht die Schönheit, die in der Vereinfachung liegt. Es durchdringt den Dschungel aus Lean-Begriffen und -Methoden und stellt die grundlegenden Ideen und eine anwendbare Definition von Lean vor – als Strategie der Flusseffizienz, in der die elementaren Prinzipien wie Just-in-time und visuelles Management umgesetzt werden.

Die Eindeutigkeit und Einfachheit der Konzepte ermöglichen es Managern, diese auch in komplexen, aus zahlreichen Produkten und Akteuren bestehenden Abläufen zu implementieren, bei denen die Gefahr besteht, dass sie durch die Forderungen und Probleme, mit denen sie konfrontiert werden, den Überblick verlieren. Ein wichtiges Buch für alle, die noch nicht mit dem Konzept Lean vertraut sind aber auch für diejenigen, die bereits zahlreiche Methoden in Zusammenhang mit Lean untersucht haben.

Professor Christoph H. Loch
Director, Cambridge Judge Business School

Danksagung

Als wir im Sommer 2011 die schwedische Version dieses Buchs schrieben, wollten wir eigentlich nur zwei Kapitel eines bereits veröffentlichten Buchs zusammenfassen. Nach intensiven acht Wochen lag ein vollkommen neues Buch vor uns. Als wir das Buch dann Anfang 2012 ins Englische übersetzten, entschieden wir uns, warum auch immer, es umzuschreiben. Vielleicht hatte uns ja das grundlegende Prinzip von Lean, die Idee der kontinuierlichen Verbesserung, dazu bewegt. Diesmal verbrachten wir jedoch keine warmen Sommertage vor unseren Rechnern, sondern kalte Winter- und Frühlingsabende bzw. -wochenenden.

Bei der Übersetzung ins Englische waren wir natürlich auf die Unterstützung mehrerer Personen angewiesen. Besonderen Dank an Sheelagh Gaw, die die Übersetzung des ersten Buchs angefertigt hatte und uns beim Umschreiben der übersetzten Texte tatkräftig unterstützte. Lesefluss zu verbessern, und auch an Helen Bågeryd, deren von Hand gezeichneten Illustrationen dem Buch das gewisse Extra geben.

Um das Buch ins Deutsche zu übertragen, war weitere Hilfe erforderlich. Daher möchten wir uns an dieser Stelle ganz herzlich bei einigen Personen für ihre Unterstützung bedanken. Zum einen bei Vera Wiltberger, die das Buch übersetzte, und bei Christiane Zwolinska für ihr professionelles Lektorat. Vor allem aber sind wir Martin Wiener zu ewigem Dank verpflichtet, der beim Übersetzungsprozess eine zentrale Rolle spielte. Dein Einsatz und dein Engagement hat das, was wir in unseren kühnsten Träumen kaum zu hoffen wagten, meilenweit übertroffen.

Zu großem Dank verpflichtet sind wir zudem den zahlreichen Unternehmen und Organisationen, die wir im Laufe der Jahre im Zuge unserer Forschung getroffen und durch unsere Vorlesungen kennengelernt haben. Sie haben einen wichtigen Beitrag zu den Ideen und Konzepten geleistet, die in diesem Buch vorgestellt wurden. Ihre Türen standen immer für uns offen und wir wurden mit Enthusiasmus empfangen. Gemeinsam waren wir in der Lage, unsere Ideen in Bezug auf das zu entwickeln und zu verfeinern, was wir als Lean bezeichnen. Ohne Sie wäre der „Fluss“ unserer Wissensproduktion nicht möglich gewesen. Vielen herzlichen Dank!

Zu besonderen Dank sind wir den Einheiten verpflichtet, die Stipendien vergaben und so die Studie bei Toyota in Japan ermöglichten: dem Europäischen Institut für Japanstudien (EIJS), der Japanischen Botschaft in Schweden, der Japanischen Regierung (Monbukagakusho), der Prince Carl Gustaf's Foundation, dem Schwedischen Institut, der Sweden-Japan Foundation und der Doctor of Technology Marcus Wallenberg's Foundation for Education in International Business. Ihr Weitblick und ihre großzügige finanzielle Unterstützung von Grundlagenforschung bildeten die Basis für dieses Buch.

DANKSAGUNG VON NIKLAS MODIG: Ich möchte mich persönlich bei allen bedanken, die mir meine Toyota-Studien ermöglicht haben. Danke an Takahiro Fujimoto und Tadashi Tanaka, die mich in ihrem Forscherteam an der Universität

Tokio aufnahmen und mir die Türen zu Toyota öffneten. Vielen Dank auch an meinen guten Freund Ryusuke Kosuge, mein(em) „Waffenbruder" bei meiner Forschung zu Toyota. Und natürlich möchte ich mich auch bei meiner Familie, meinen Verwandten, Freunden und Kollegen für ihre Energie, Liebe und ihr Verständnis bedanken.

DANKSAGUNG VON PÄR ÅHLSTRÖM: Ein riesiges, kollektives Dankeschön an alle, die meine „Lean-Entdeckungsreise" ermöglicht und an ihr mitgewirkt haben. Eine Reise, die im Januar 1993 damit begann, dass ich an der Lean-Transformation eines Unternehmens mitwirken und diese studieren durfte. Vielen Dank auch an alle, die einem frisch gebackenen Doktoranden ihre Türen öffneten. Ein wichtiger Zwischenstopp auf meiner Lean-Entdeckungsreise war die London Business School, wo mich Professor Christopher A. Voss so viel über Forschung und Operational Excellence lehrte.

Und natürlich ein ganz herzliches Dankeschön an meine Familie. Ihr seid der Start- und Endpunkt aller meiner Entdeckungsreisen. Vielen Dank an Sheelagh für ihre Geduld, ihren Enthusiasmus und ihre unermüdliche Unterstützung. Vielen Dank auch an Sebastian und Sophie, die meine Abwesenheit hingenommen haben: Ich und mein Buch, wir sind jetzt beide am Ende angekommen.

ZU GUTER LETZT: Wir beide möchten unserem Freund, Kollegen und Mentor Professor Christer Karlsson danken, der nicht nur ein phänomenaler Doktorvater für uns beide war, sondern auch zur konzeptionellen Entwicklung von Lean auf weltweiter Ebene beigetragen hat.

Stockholm, Mai 2015

Niklas Modig *Pär Åhlström*

Inhaltsseite

PROLOG

Die 500-mal schnellere Diagnose

Sabine befürchtet, Krebs zu haben

Sie hat gerade einen Knoten in ihrer linken Brust entdeckt und bekommt Panik. Sie weiß, dass eine von zehn Frauen an Brustkrebs erkrankt – der am weitesten verbreiteten Form von Krebs bei Frauen. Sie ist außer sich vor Sorge und will so schnell wie möglich herausfinden, ob der Knoten bösartig ist. Am Montagmorgen ruft sie bei der Praxis ihres Frauenarztes an. Der verständnisvollen Sprechstundenhilfe gelingt es, noch am gleichen Tag einen Termin für Sabine zu finden. Sabine ist erleichtert und nimmt den Termin an, auch wenn sie nicht den Arzt treffen wird, der sie normalerweise betreut. Sie ruft bei der Arbeit an und sagt sämtliche Meetings für den Tag ab.

Der Arzt ist sehr verständnisvoll, kann aber Sabines Unruhe nicht lindern, da er nicht ausschließen kann, dass es sich bei dem Knoten um Krebs handelt. Er schreibt eine Überweisung an einen auf Brusterkrankungen spezialisierten Chirurgen. Als Sabine dort einen Termin vereinbaren will, teilt ihr die

Sprechstundenhilfe mit, dass der Chirurg komplett ausgebucht ist, verspricht aber, sich sofort bei ihr zu melden, sobald ein Termin frei wird.

Daraufhin wartet Sabine täglich vergebens auf Anrufe oder eine schriftliche Benachrichtigung. Nachdem sie eine Woche nichts gehört hat, beginnt sie nervös zu werden. Nach zehn Tagen ruft sie die Brustklinik erneut an. Sie landet in der Telefonschlange und wird nach einigen Minuten mit der Sprechstundenhilfe verbunden. Nach einigem Suchen findet die Sprechstundenhilfe die Notiz und verspricht, sich noch am selben Tag um einen Termin zu kümmern. Vier Tage später ruft die Praxis bei Sabine an und informiert sie darüber, dass sie in der darauffolgenden Woche vorbeikommen kann.

Am Tag ihrer Mammografie und der Ultraschalluntersuchung plant Sabine genügend Zeit ein, um einen Parkplatz zu finden und rechtzeitig in der Praxis zu sein. Alles verläuft nach Plan und sie kommt eine dreiviertel Stunde vor ihrem Termin in der Praxis an. Sie meldet sich an und wird gebeten, im Wartezimmer Platz zu nehmen.

Die vereinbarte Uhrzeit ihres Termins ist erreicht, aber Sabine wird nicht aufgerufen. Als sie fünf Minuten später an der Rezeption nachfragt, erhält sie die Information, dass sich die Termine verschoben haben. Man bittet sie, erneut im Wartezimmer Platz zu nehmen und zu warten, bis sie aufgerufen wird. Nach weiteren 15 Minuten kommt die Sprechstundenhilfe und entschuldigt sich bei Sabine dafür, dass sie warten musste. Sabine wird gebeten, im Untersuchungszimmer zu warten, während der Arzt ihre Akte liest. Die Untersuchungen verlaufen reibungslos und Sabine erhält die Information, dass man für sie einen Termin beim Brustchirurgen vereinbaren wird.

Wieder Zuhause spricht Sabine mit ihrem Mann über ihre zunehmende Unruhe. Das Schlimmste ist die Ungewissheit. Schließlich geht es ihr so schlecht, dass sie sich krank meldet.

Zehn Tage nach ihrem Besuch in der Praxis erhält Sabine einen Termin beim Chirurgen. Aufgrund ihrer Testergebnisse kann der Chirurg nicht mit Sicherheit sagen, ob es sich um Krebs handelt oder nicht. Eine weitere Überweisung ist notwendig. In einem Labor soll eine Zellprobe entnommen und untersucht werden.

Die wagen Äußerungen des Chirurgen verstärken Sabines Angst und Unruhe noch weiter. Sie versucht sich zu erinnern, was der Chirurg über den nächsten Schritt gesagt hat. Am nächsten Tag ruft sie in der Praxis an, erhält aber keine zufriedenstellende Antwort.

Frustriert hinterlässt sie ihre Telefonnummer und wartet darauf, dass sie zurückgerufen wird.

Später am selben Vormittag ruft eine Mitarbeiterin der Praxis zurück und informiert sie über den anstehenden Besuch im Labor, das die Feinnadelbiopsie durchführen wird. Das Labor hat ihre Daten aufgenommen und sie erhält einen Termin zwei Wochen später. Sabine hatte gehofft, früher einen Termin zu bekommen. Die Sprechstundenhilfe erklärt ihr aber, dass der Arzt, der im Labor die Proben entnimmt, sehr beschäftigt ist.

Der unangenehme Eingriff verläuft relativ schnell. Der Arzt erklärt Sabine, dass die Gewebeprobe analysiert und die Testergebnisse danach zurück zu dem Brustchirurgen geschickt werden, der Sabine vor zwei Wochen untersucht hatte. Das bedeutet, dass sie einen weiteren Termin mit dem Chirurgen vereinbaren muss. Die Sprechstundenhilfe kann Sabine nicht sagen, wie lange sie auf die Ergebnisse warten muss.

Sechs Wochen nach ihrem ersten Besuch beim Gynäkologen hat Sabine endlich einen Termin beim Chirurgen und nimmt ihren Mann als moralische Unterstützung mit in die Praxis. Nachdem der Chirurg ihre Akte gelesen und sich die Testergebnisse angeschaut hat, teilt er Sabine ihren Befund mit.

Eva ertastet einen Knoten in ihrer Brust

Bei der morgendlichen Dusche an einem Dienstag merkt Eva, dass sich ihre linke Brust anders anfühlt, gerade so, als ob da ein Knoten sei. Sie ist den ganzen Morgen von einer immer stärker werdenden Unruhe befallen und kann sich nicht auf ihre Arbeit konzentrieren.

Beim Mittagessen berichtet Eva ihrer Freundin Susanne von ihrer Befürchtung. Susanne erzählt Eva von einem Artikel über ein interdisziplinäres Brustkrebszentrum im örtlichen Krankenhaus.

Das Zentrum, an das sich Frauen direkt und ohne Überweisung vom Frauenarzt wenden können, gibt es seit einigen Jahren. Eva findet heraus, dass das Zentrum donnerstagnachmittags geöffnet ist.

Die nächsten zwei Tage kann Eva an nichts anderes denken als an den Knoten in ihrer Brust, der immer größer zu werden scheint. Die Informationen, die sie im Internet findet, verstärken ihre Unruhe noch mehr.

Am Donnerstag kommt Eva kurz vor 16 Uhr im Brustkrebszentrum an. Sie wird direkt von einer Krankenschwester begrüßt, die sie in das Untersuchungszimmer begleitet und eine erste Untersuchung durchführt. Die Krankenschwester bestätigt, dass Evas Knoten genauer untersucht werden muss und bittet sie, im Wartezimmer Platz zu nehmen, während die Krankenschwester mit der Brustchirurgin spricht.

Fünfzehn Minuten später wird Eva von der Brustchirurgin ins Untersuchungszimmer gebeten. Man fordert sie auf, den Grund für ihren Besuch zu nennen und wird anschließend untersucht. Die Ärztin entscheidet, dass bei Eva eine Mammografie, ein Ultraschall und eine Feinnadelbiopsie gemacht werden müssen.

Eva wird wieder ins Wartezimmer geschickt. Dort fällt ihr auf, dass die anderen Frauen genauso unruhig und besorgt zu sein scheinen wie sie selbst. Als sie aufgerufen wird, folgt Eva der RTA in das Untersuchungszimmer, in dem Röntgenbilder von Evas Brust gemacht werden. Danach wird von einem Arzt eine Ultraschalluntersuchung durchgeführt, die bestätigt, was Eva bereits weiß: dass sie einen Knoten in der linken Brust hat.

Die Krankenschwester bringt Eva zum Zytologen, der eine Feinnadelbiopsie vornimmt. Er kann nicht sagen, ob es sich um Krebs handelt, aber die Analyse der Zellprobe wird Klarheit bringen.

Zurück im Wartezimmer wartet sie darauf, die Brustchirurgin erneut zu treffen. Als sie das nächste Mal aufgerufen wird, stellt sie fest, dass es fast 18 Uhr ist. Sie wird gebeten, Platz zu nehmen und erhält ihren Befund.

Das ist lean

Das ist Lean ist ein Buch über eine neue Form von Effizienz, die wir Flusseffizienz nennen. Bei der Flusseffizienz steht die Zeit im Fokus, die zwischen dem Identifizieren eines Bedarfs und der Erfüllung dieses Bedarfs vergeht. Sowohl Sabine als auch Eva hatten den gleichen Bedarf: Sie wollten wissen, ob sie an Krebs erkrankt sind. Sie mussten sich beide unterschiedlichen Untersuchungen unterziehen und erhielten ihren Befund. Hier endet die Ähnlichkeit.

Von Sabines erstem Besuch bei ihrem Frauenarzt bis zu dem Zeitpunkt, an dem sie ihren Befund erhält, vergehen 42 Tage, d.h. 1.008 Stunden. In Evas Fall vergehen zwischen ihrem ersten Kontakt mit der Krankenschwester im Brustkrebszentrum und dem Zeitpunkt, an dem sie ihren Befund erhält, nur zwei Stunden. Eva Diagnoseprozess war mehr als 500-mal schneller als der von Sabine. Ist das ein großer Unterschied? Es ist ein enormer Unterschied.

Im ersten Teil des Buchs (Kapitel 1–4) wird Flusseffizienz definiert, erläutert wie sie entsteht und warum Flusseffizienz durch unterschiedliche Entscheidungen verbessert oder verschlechtert wird. Vor allem wird in diesem Teil des Buchs auch auf das Effizienzparadox eingegangen, d. h. wie und warum Organisationen Ressourcen verschwenden, obwohl sie glauben, dass sie besonders effizient sind.

Im zweiten Teil des Buchs (Kapitel 5–11) wird erklärt, wie und warum Toyota durch das Entwickeln eines effizienten Produktionsflusses zu einer der erfolgreichsten Organisationen der Welt wurde. Von Toyota inspiriert, wurde in Europa und den USA das Lean-Konzept entwickelt. Doch obwohl Lean eines der bekanntesten Managementkonzepte der Welt ist, wird das Konzept in der Literatur sehr unterschiedlich definiert und behandelt. Diese Inkonsistenzen machen es schwierig, wenn nicht unmöglich, ein klares Verständnis des Lean-Konzepts zu entwickeln, einen Konsens zu erreichen und letztendlich Lean in der Praxis umzusetzen. Dieses Buch beschreibt, was Lean ist, was eine Organisation tun muss, um lean zu werden und wie eine „schlanke" Organisation aussieht.

KAPITEL 1

Vom Ressourcen- zum Kundenfokus

Sabines und Evas Erlebnisse beleuchten zwei Formen von Effizienz: Ressourceneffizienz und Flusseffizienz. Die traditionelle und weiter verbreitete. Form ist die Ressourceneffizienz. Sabines Diagnose wurde in einem traditionellen Gesundheitssystem gestellt, das auf die effiziente Nutzung von Ressourcen ausgelegt ist. Bei der Ressourceneffizienz geht es vor allem um die effiziente Nutzung von Ressourcen, die innerhalb einer Organisation Wert schaffen, d. h. all die Ressourcen, die genutzt wurden, um für beide Frauen eine Diagnose stellen zu können. Evas Diagnose wurde in einem Gesundheitssystem erstellt, das auf Flusseffizienz basiert. Bei der Flusseffizienz liegt der Schwerpunkt auf der Einheit, die in einer Organisation „verarbeitet" wird. In beiden Beispielen handelt es sich bei der Einheit um Patienten, um Sabine und Eva. In diesem Kapitel betrachten wir Sabines und Evas Diagnoseprozess, um die wesentlichen Unterschiede zwischen Ressourcen- und Flusseffizienz zu verdeutlichen.

Sabine und das ressourceneffiziente Gesundheitssystem

In Sabines Fall ist das Gesundheitssystem so organisiert, dass der Schwerpunkt auf den Ressourcen und der effizienten Nutzung dieser Ressourcen liegt. Bei der Stellung ihrer Diagnose sind mehrere Einrichtungen involviert: der Gynäkologe, ein auf Brusterkrankungen spezialisierter Chirurg, die radiologische Praxis und das Labor, das die Gewebeproben untersucht. Die einzelnen Einrichtungen in Sabines Gesundheitssystem sind auf unterschiedliche Fachgebiete spezialisiert (Gynäkologie, Radiologie, Chirurgie, Pathologie), die ihrerseits die unterschiedlichen Bedürfnisse der Patientin erfüllen.

Damit Sabine einen Befund erhält, sind mehrere Kontakte mit unterschiedlichen Einrichtungen erforderlich, die teils per Brief, Telefon und in Form von Besuchen erfolgen. Insgesamt hatte Sabine vier Termine bei unterschiedlichen Fachärzten und einen Termin bei ihrem Gynäkologen. Sie musste also mehrere Tage investieren, um mit den einzelnen Einrichtungen zu kommunizieren bzw. dort in der Sprechstunde vorstellig zu werden. Die damit verbundene Logistik, d. h. die Anreise zu den einzelnen Spezialisten, organisierte sie selbst. Die Untersuchungen erforderten, dass sie sich frei nimmt, was sowohl für sie als auch für ihren Arbeitgeber mit Kosten verbunden war.

Der Zeitraum vom ersten Termin beim Gynäkologen bis zum Erhalt des Befunds war im Vergleich zu dem zeitlichen Aufwand, der für die eigentlichen Untersuchungen erforderlich war, extrem lang. Die langen Wartezeiten zwischen den einzelnen Terminen waren für Sabine mit enormer Unruhe und Anspannung verbunden. Die Aktivitäten, die für sie einen Wert generieren, d. h. die einzelnen Maßnahmen, die zur Stellung der Diagnose erforderlich sind, machen nur einen sehr geringen Teil der insgesamt sechs Wochen aus, die zwischen dem ersten und letzten Arzttermin vergehen. Dies wird auf der nachfolgenden Abbildung verdeutlicht, die Sabines Diagnoseprozess illustriert.

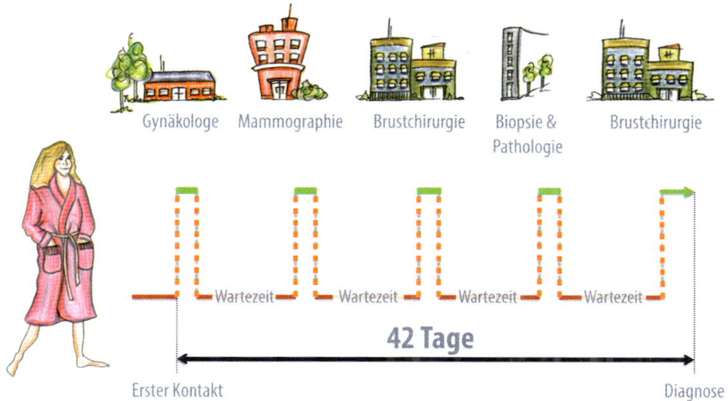

Ressourceneffizienz – Ressourcen nutzen

Bei der Ressourceneffizienz, der traditionellen Form von Effizienz, geht es darum, Ressourcen möglichst effizient zu nutzen. Seit mehr als 200 Jahren basiert die industrielle Entwicklung darauf, das Ausnutzen der Ressourcen effizienter zu gestalten. Hierbei gehört es zu den Grundprinzipien, das Ausführen einer zu erledigende Aufgabe in kleinere Teilaufgaben zu unterteilen, die dann von unterschiedlichen Personen oder Funktionen innerhalb einer Organisation ausgeführt werden.

Ein weiteres Grundprinzip ist das Anstreben von Skaleneffekten. Durch das Bündeln von kleinen Teilaufgaben können Personen, Teile einer Organisation oder die gesamte Organisation dieselbe Aufgabe vielfach durchführen, was wiederum die Ressourceneffizienz erhöht. Die so erzielte Effizienzsteigerung war oftmals enorm und hatte erhebliche Auswirkungen auf die Stückkosten von Produkten.

Die effiziente Nutzung von Ressourcen war lange Zeit die typische Sichtweise der Effizienz. Sie dominiert nach wie vor die Art und Weise, wie Organisationen in unterschiedlichen Branchen und Sektoren organisiert, gesteuert und gemanagt werden.

Bei der Ressourceneffizienz liegt der Fokus auf den Ressourcen, die eine Organisation benötigt, um ein Produkt zu produzieren oder eine Dienstleistung zu liefern: Personal, Räumlichkeiten, Ausrüstung, Werkzeuge, und Informationssysteme. Die Organisationen, die bei der Ermittlung von Sabines und Evas Befund involviert sind, umfassen unterschiedliche physische Ressourcen wie Räumlichkeiten, Wartezimmer, Untersuchungsräume und Röntgengeräte sowie menschliche Ressourcen wie Gynäkologen, Chirurgen, Radiologen, Pathologen, Krankenschwestern, Schwesternhelferinnen und Arztsekretärinnen.

Die Ressourceneffizienz ist eine Messgröße, die angibt, wie viel eine Ressource während eines bestimmten Zeitraums genutzt wird. Zum Beispiel kann die Messgröße aussagen, wie viel ein MRT-Scanner im Laufe von 24 Stunden eingesetzt wird:

Ressource:	MRT-Scanner
Zeit, in der die Ressource eingesetzt wird:	6 Stunden
Zeitraum:	24 Stunden
Ressourceneffizienz:	6 Stunden/24 Stunden = 25 Prozent

In diesem Beispiel beträgt die Ressourceneffizienz 25 Prozent, d.h. der MRT-Scanner wird nur zu 25 Prozent des Betrachtungszeitraums genutzt. Der Zeitraum könnte auch in Bezug auf die Öffnungszeiten der radiologischen Praxis definiert werden, also

z. B. von 08.00 Uhr bis 16.00 Uhr. Dies würde bedeuten, dass die Ressourceneffizienz bei sechs von acht Stunden liegt, was 75 Prozent entspricht.

Natürlich beschränkt sich die Messung der Ressourceneffizienz nicht auf einen einzelnen MRT-Scanner. Die Messung kann auch auf einem höheren Abstraktionsniveau als dem einzelner Geräte oder Personen erfolgen. Zum Beispiel kann für eine Abteilung oder eine komplette Organisation der Nutzungsgrad einer Kombination von Ressourcen gemessen werden. Auf Organisationsebene gibt die Ressourceneffizienz an, wie gut eine Organisation ihre Ressourcen insgesamt nutzt und ob die Ressourcen Werte schaffen oder ob sie „still stehen".

Aus ökonomischer Sicht ist das Streben nach einer möglichst effizienten Nutzung von Ressourcen sinnvoll. Der Grund hierfür liegt in den so genannten Opportunitätskosten. Nachfolgend zwei Beispiele für Opportunitätskosten:

- Wenn ein Krankenhaus zehn Ärzte einstellt, sollte es sicherstellen, dass diese so viel wie möglich arbeiten; ansonsten hätte das Krankenhaus auch nur neun Ärzte einstellen und die eingesparten Gehaltskosten anderweitig investieren können.
- Ein Krankenhaus hat Hunderttausende von Euro in ein neues Röntgengerät investiert. Demzufolge sollte das Röntgengerät möglichst viel genutzt werden, da das Krankenhaus ansonsten einen Teil des Geldes für andere Investitionen hätte einsetzen können.

Opportunitätskosten sind also Verluste, die entstehen, wenn eine Ressource nicht maximal genutzt wird. In diesem Fall hätten wir zumindest einen Teil des aufgewendeten Geldes anderweitig nutzen können, z. B. um einen Kredit abzulösen, einen Kredit an Dritte zu vergeben oder um Wertpapiere zu kaufen. Immer wenn eine Organisation in neue Ressourcen investiert, entstehen Opportunitätskosten. Eine effiziente Nutzung der Ressourcen ist daher für jede Organisation von großer Bedeutung.

Um die Bedeutung von Ressourceneffizienz zu verstehen, müssen wir nur uns selbst anschauen. Wenn wir Geld für ein neues Fernsehgerät ausgeben, möchten wir natürlich sicherstellen, dass dieses auch genutzt wird – wir möchten einen Gegenwert für unser Geld. Daher ist die Ressourceneffizienz für uns Menschen eine natürliche Sichtweise der Effizienz.

Eva und das flusseffiziente Gesundheitssystem

Das Gesundheitssystem, in dem Evas Diagnose gestellt wurde, bestand aus einer einzigen Organisation, die auf einen spezifischen Patientenbedarf ausgerichtet war: die Erstellung einer Brustkrebsdiagnose. Das Multikompetenzteam des Brustkrebszentrums setzt sich aus unterschiedlichen Spezialisten zusammen: Einem auf Brusterkrankungen spezialisierten Chirurgen, einem Radiologen, einer Sekretärin, einer RTA und einer Sprechstundenhilfe. Eine Organisation um einen spezifischen Bedarf herum aufzubauen, erfordert, dass dass alle Mitarbeiter eng zusammenarbeiten.

Dank dieser Organisationsstruktur muss Eva nur einen einzigen Termin buchen. Bei diesem Termin trifft sie sämtliche Spezialisten an einem Ort und während eines Besuchs. Sie investiert hierfür einige Stunden, und die Zeit, die sie sich dafür bei ihrer Arbeitsstelle frei nehmen muss, ist deutlich kürzer als die von Sabine. Somit erfährt Eva ihre Diagnose 500-mal schneller als Sabine. In der nachfolgenden Abbildung wird Evas Diagnoseprozess verdeutlicht.

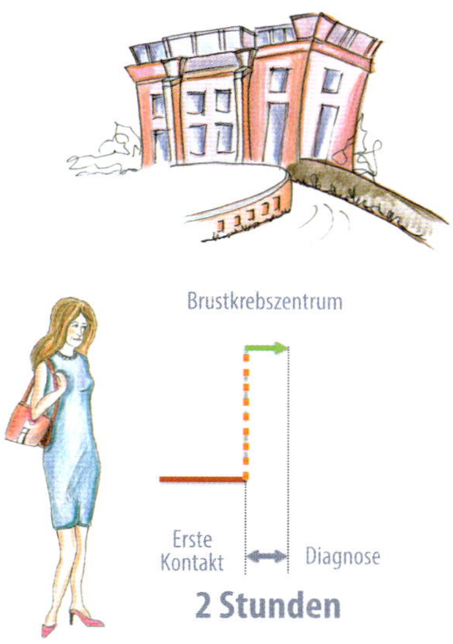

Flusseffizienz – Bedarf befriedigen

Wir definieren die Flusseffizienz als eine neue Form von Effizienz. Die Idee der Flusseffizienz ist neu, weil sie mit dem historischen und natürlichen Fokus auf die effiziente Nutzung von Ressourcen „bricht". Nichtsdestotrotz ist die Flusseffizienz kein gänzlich neues Phänomen. Vielmehr geht der Fokus auf die Flusseffizienz bis in das 16. Jahrhundert zurück und insbesondere auf die venezianische Schiffswerft Arsenal in Norditalien, die zu ihrer Zeit das mächtigste und effizienteste Schiffbauunternehmen der Welt war. Arsenal war in der Lage, ein vollständig ausgestattetes Handels- oder Marineschiff in weniger als einem Tag zu bauen. In andere Werften in Europa konnte der Bau eines Schiffes gleicher Größe mehrere Monate in Anspruch nehmen.

Bei der Flusseffizienz liegt der Fokus auf der „Einheit“, die innerhalb einer Organisation bearbeitet wird. Im produzierenden Gewerbe handelt es sich bei der Einheit um ein Produkt, das aus verschiedenen Komponenten besteht. Diese Komponenten werden über mehrere Stufen hinweg bearbeitet, um das Produkt zu fertigen. Im Dienstleistungssektor ist die Einheit oftmals ein Kunde, dessen Bedürfnisse durch unterschiedliche Aktivitäten befriedigt werden. Wir bezeichnen diese Form von Effizienz als Flusseffizienz, da bei ihr die Einheit im Zentrum steht, die durch die Organisation „fließt“, die so genannte Flusseinheit. Sabine und Eva sind Beispiele für Flusseinheiten, die durch zwei unterschiedliche Gesundheitssysteme geleitet wurden.

Die Flusseffizienz ist eine Messgröße dafür, wie viel eine Flusseinheit während eines bestimmten Zeitraums bearbeitet wird. Der Zeitraum beginnt mit der Identifikation des Bedarfs und endet mit dessen Erfüllung. Mithilfe der Flusseffizienz kann z. B. aufgezeigt werden, wie effizient eine Arztpraxis die Bedarfe ihrer Patienten erfüllt:

Bedarf:	Der Patient hat Halsschmerzen
Wertschöpfende Zeit:	Zeit mit dem Arzt bzw. dem medizinischem Personal (10 Minuten)
Zeitraum:	Zeit vom Betreten zum Verlassen der Praxis (30 Minuten)
Flusseffizienz:	10 Minuten/30 Minuten = 33 Prozent

In diesem Beispiel beträgt die Flusseffizienz 33 Prozent, d. h., 33 Prozent der Zeit, die der Patient in der Arztpraxis verbringt, schafft Wert für den Patienten. In diesem Beispiel wird davon ausgegangen, dass die Zeit, die der Patient nicht mit dem

Arzt oder anderem medizinischem Personal verbringt (also Wartezeit), nicht wertschöpfend ist.

Die Flusseffizienz wird aus der Perspektive der Flusseinheit definiert. Der zentrale Faktor ist die Zeit, in der die Flusseinheit „bearbeitet" wird bzw. Wert erhält. Auf Organisationsebene gibt die Flusseffizienz an, wie gut eine Organisation ihre Flusseinheiten bearbeitet. Erhält die Flusseinheit Wert oder „steht sie still"?

Vergleich der Flusseffizienz in den zwei Gesundheitssystemen

Sabines und Evas Erlebnisse im jeweiligen Gesundheitssystem verdeutlichen die Auswirkungen von Ressourceneffizienz und Flusseffizienz. Die Unterschiede werden am deutlichsten, wenn wir uns die Flusseffizienz der beiden Systeme näher betrachten.

Insgesamt musste Sabine 42 Tage oder 1.008 Stunden auf ihren Befund warten. Wenn wir davon ausgehen, dass die effektive Zeit, die zur Stellung von Sabines Diagnose aufgewendet wurde, genauso lang war, wie die von Eva, die ihren Befund bereits nach zwei Stunden erhielt, ergibt sich in Sabines Fall eine Flusseffizienz von 0,2 Prozent.

Flusseffizienz: 2 Stunden : 1008 Stunden = 0,2 Prozent

Dementsprechend erzeugte nur ein Bruchteil des gesamten Diagnoseprozesses Wert für Sabine. Dies belegt, dass ihr Diagnoseprozess nicht flusseffizient war.

Eva bekam ihre Diagnose in Zusammenhang mit ihrem ersten Besuch im Brustkrebszentrum. Sie musste nur die effektive Zeit warten, die zur Durchführung der Untersuchung erforderlich war. Wir können davon ausgehen, dass Eva während des zweistündigen Diagnoseprozesses insgesamt 40 Minuten warten musste. Die restliche Zeit verbrachte sie mit medizinischem Personal. Dies bedeutet, dass die gesamte wertschöpfende Zeit 80 Minuten betrug. In Evas Fall beträgt die Flusseffizienz also 67 Prozent.

Flusseffizienz = 80 minuten / 120 minuten = 67 prozent

Die Beispiele von Sabine und Eva werden in der nachfolgenden Tabelle zusammengefasst. Der offensichtlichste Unterschied liegt in der Zeit, die bis zur Stellung der Diagnose vergeht: 42 Tage im Gegensatz zu zwei Stunden. Diese Zeit hat vor allem für die psychische Belastung in Form von Unruhe und Nervosität Bedeutung, der die beiden Frauen ausgesetzt sind. Während der 42 Tage dauernden Ungewissheit nimmt Sabines Anspannung erheblich zu. Auch wenn Eva natürlich unruhig und nervös war, war die Zeit der Ungewissheit deutlich kürzer.

	Sabines Gesundheitssystem	**Evas Gesundheitssystem**
Schwerpunkt der Organisation	Ressource	Bedarf
Anzahl Kontaktpunkte und deren Form	Mehrere Kontaktpunkte unterschiedlicher Art	Ein Kontaktpunkt in Form eines Besuchs
Zeit vom ersten Kontakt mit dem Gesundheitssytem bis zur Diagnose	42 Tage	2 Stunden
Flusseffizienz	0,2 Prozent	67 Prozent

Die Qual der Wahl

Was ist besser: Ressourceneffizienz oder Flusseffizienz? Ressourceneffizienz ist, wie bereits erwähnt, die vorherrschende Form von Effizienz. In der Regel sind Organisationen daher in spezifische Funktionsbereiche untergliedert und verfügen über spezialisierte Ressourcen. Die effiziente Nutzung von Ressourcen ist wichtig. Ebenso wichtig ist jedoch, die Bedarfe der Kunden zu erfüllen. Um sowohl einen hohen Nutzungsgrad als auch eine hohe Kundenzufriedenheit zu erreichen, sind somit die Ressourcen- und die Flusseffizienz von großer Bedeutung.

Vor diesem Hintergrund: was spricht dagegen zu versuchen, beide Formen der Effizienz zu erreichen, also hohe Ressourceneffizienz und hohe Flusseffizienz? Die Antwort ist, dass es äußerst schwierig ist – wenn nicht sogar unmöglich, diese beiden Effizienzformen erfolgreich zu kombinieren. In Kapitel 8 und 9 werden wir darauf zurückkommen, wie Organisationen hohe Ressourceneffizienz mit hoher Flusseffizienz kombinieren können.

Um zu verstehen, warum die Kombination aus hoher Ressourcen- und hoher Flusseffizienz so schwierig zu erreichen ist und wie man diese Kombination erreichen kann, muss man verstehen, wie Prozesse ablaufen. Flusseffizienz wird durch Prozesse erreicht. Ein Prozess ist eine Sammlung von Aktivitäten, die gemeinsam den Weg bzw. den Bearbeitungsablauf einer Flusseinheit bestimmen und ihren Bedarf erfüllen.

KAPITEL 2

Prozesse sind die Grundsteine der Flusseffizienz

Um Flusseffizienz zu verstehen, müssen wir uns zunächst klarmachen, wie Prozesse ablaufen, da in diesen die Flusseffizienz entsteht. In allen Organisationen kommen unterschiedliche Prozesse vor: Entwicklungsprozesse, Beschaffungsprozesse, Produktionsprozesse, Lieferprozesse, Serviceprozesse, usw., von denen jeder von uns täglich mehrere durchläuft. In diesem Kapitel beleuchten wir näher, was Prozesse sind und erklären zudem eine Reihe wichtiger Begriffe, die für das Verständnis von Prozessen und Flusseffizienz von Bedeutung sind.

Sabines Weg zu ihrem Befund wird gefilmt

In unserem einleitenden Beispiel durchlief Sabine einen diagnostischen Prozess, der damit begann, dass sie einen Knoten in ihrer Brust feststellte und damit endete, dass ihr der Befund mitgeteilt wurde. Wir können Sabines Prozess aus ihrer Perspektive definieren, indem wir uns vorstellen, dass wir eine Filmkamera auf ihrer Schulter platzieren. Die Kamera nimmt Sabines Weg durch den Prozess auf: vom ersten Besuch beim Gynäkologen bis zu dem Augenblick, an dem ihr der Befund mitgeteilt wird.

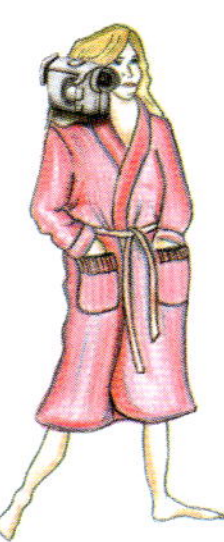

Würde man diesen 42 Tage langen Film analysieren, könnte man ihn z. B. in verschiedene Aktivitäten unterteilen. In Sabines Fall würde die Einteilung des Films wie folgt aussehen: 1) Aktivitäten, die zur Erstellung der Diagnose beitragen und 2) Aktivitäten, die nicht zur Erstellung der Diagnose beitragen. Unter Aktivitäten der ersten Kategorie fallen z. B. die Mammografieuntersuchung durch die RTA, Sabines Termin beim Brustchirurgen oder die Entnahme der Gewebeprobe. Als Beispiele für Aktivitäten, die nicht zur Erstellung der Diagnose beitragen, kann die Zeit genannt werden, die Sabine zu Hause verbringt bzw. die Reisezeit in Zusammenhang mit den einzelnen Terminen.

Alternativ dazu könnte der 42 Tage lange Film auch in Aktivitäten unterteilt werden, die für Sabine einen Wert darstellen oder nicht. Aktivitäten, die einen Wert darstellen, könnten in diesem Fall als *wertschöpfende Aktivitäten* klassifiziert werden, während die Aktivitäten, die keinen Wert für Sabine darstellen, als *nicht-wertschöpfende Aktivitäten* klassifiziert werden.

Bei der Flusseffizienz geht es darum, alle nicht-wertschöpfenden Aktivitäten herauszuschneiden und gleichzeitig alle wertschöpfenden Aktivitäten zu einem kurzen Actionfilm zusammenzusetzen.

Prozesse werden auf Grundlage des Wegs der Flusseinheit definiert

Genau wie Sabines Prozess mithilfe einer Kamera auf ihrer Schulter definiert wurde, müssen alle Prozesse aus der Perspektive der Flusseinheit definiert werden. Flusseinheiten sind das Zentrale in Prozessen, da sie es sind, die vorangeführt werden. Das Wort Prozess kommt vom Lateinischen *processus* und *procedere* und kann mit „etwas voranführen" übersetzt werden. In einem Prozess wird etwas vorangeführt, es findet eine Bearbeitung statt. Dieses Etwas, das in einem Prozess vorangeführt (bearbeitet) wird, bezeichnen wir als Flusseinheit. Bei einer Flusseinheit kann es sich um Material, Informationen oder Menschen handeln:

Material: In einer Automobilfabrik wird Material vorangeführt und bearbeitet, um zu einem Auto verarbeitet zu werden. Im Brustkrebsbeispiel werden die Gewebeproben, die beiden Frauen entnommen wurden, vorangeführt, um analysiert und zu einem Befund zu werden.

Information: Wenn man einen Bauantrag stellt, werden Informationen in Form von Bauantragsunterlagen beim jeweiligen Bauamt eingereicht. Der Antrag durchläuft mehrere Phasen und wird an unterschiedliche Stellen verteilt. Im Brustkrebsbeispiel sind die Überweisungen Beispiele für Informationsflusseinheiten.

Menschen: Besucher eines Vergnügungsparks sind Flusseinheiten, die sich ab dem Zeitpunkt, an dem sie Eintritt zahlen, bis zu dem Moment, an dem sie nach Hause gehen, von einem Fahrgeschäft zum nächsten bewegen. In unserem Brustkrebsbeispiel sind die Patientinnen Sabine und Eva die Flusseinheiten.

Es ist wichtig, Prozesse aus der Perspektive der Flusseinheiten zu definieren. Viele Organisationen machen den Fehler, dass sie einen Prozess auf Grundlage des gewerblichen Betriebs und dessen einzelner Funktionen definieren. Dies würde z. B. bedeuten, dass die Kamera auf der Schulter des Arztes montiert wird und nicht auf der von Sabine. Die Kamera würde zwar dieselben Ereignisse filmen, der eigentliche Film wäre jedoch ein anderer. Um Flusseffizienz wirklich zu verstehen, muss der Prozess immer aus der Perspektive der Flusseinheit definiert werden.

Die unterschiedlichen Effizienzformen beinhalten unterschiedliche Abhängigkeiten

Indem wir die Perspektive der Flusseinheit einnehmen, sind wir in der Lage, den subtilen, aber wichtigen Unterschied zwischen Ressourceneffizienz und Flusseffizienz zu verstehen. Trotz der Tatsache, dass es sich um einen grundlegenden Unterschied handelt, kann uns das zu Anfang genannte Beispiel aus dem Gesundheitssystem helfen, dessen Bedeutung zu verstehen.

Bei jeder Art von Aktivität in einem Gesundheitssystem, die einen Wert für den Patienten darstellt, findet ein Werttransfer zwischen den Ressourcen statt, aus denen die Organisation besteht und den Flusseinheiten, die bearbeitet werden. In unserem Beispiel wird der Wert vom Pflegepersonal auf die Patientinnen übertragen.

Ein Werttransfer entsteht also immer dann, wenn eine Seite (die Ressource) einen Wert zuführt und die andere Seite (die Flusseinheit) einen Wert erhält. Hierdurch ergibt sich folgende Beziehung:

- Eine hohe Ressourceneffizienz bedeutet, dass der Prozentsatz der Zeit, in der Ressourcen einen Wert zuführen, im Verhältnis zu einem bestimmten Zeitabschnitt hoch ist. Die Ressourcen führen also so viel Wert wie möglich zu. Der Film, der mit der Kamera auf der Schulter des Arztes aufgenommen wird, ist vollgepackt mit Action.
- Hohe Flusseffizienz bedeutet, dass der Prozentsatz der Zeit, in der die Flusseinheit einen Wert erhält, im Verhältnis zu einem bestimmten Zeitabschnitt hoch ist. Jetzt ist der Film, der mit der Kamera auf der Schulter der Patientin aufgenommen wurde, mit Action vollgepackt.

Bei der Ressourceneffizienz geht es um das Ausnutzen von Ressourcen, während es bei der Flusseffizienz darum geht, wie eine Flusseinheit in einem Prozess vorangeführt wird. Der Unterschied zwischen diesen Effizienztypen kann als Unterschied in der Abhängigkeit von Ressourcen und Flusseinheiten erklärt werden. Passt sich die Patientin an die Situation des Arztes an (stellt eine hohe Ressourceneffizienz sicher) oder passt sich der Arzt an die Patientin an (stellt eine hohe Flusseffizienz sicher)? Dieser Unterschied in der Abhängigkeit ist der entscheidende Faktor, der die beiden

Effizienzformen kennzeichnet, was in der nachfolgenden Abbildung verdeutlicht wird. Um eine hohe Ressourceneffizienz zu erreichen, kommt es darauf an, die „Arbeit an die Menschen zu knüpfen", d. h. sicherzustellen, dass den Ressourcen immer eine Flusseinheit zur Verfügung steht, die sie bearbeiten können. Um jedoch eine hohe Flusseffizienz zu erreichen, kommt es darauf an, „die Menschen an die Arbeit zu knüpfen", d. h. sicherzustellen, dass die Flusseinheiten immer von einer Ressource bearbeitet werden.

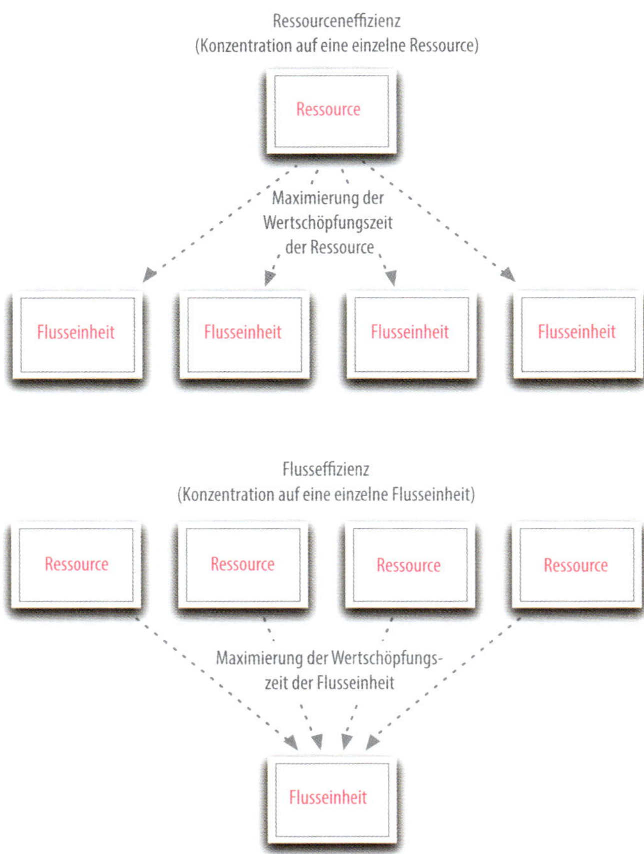

Die Systemgrenzen definieren die Durchlaufzeit

Ein zentrales Merkmal von Prozessen ist, dass deren Anfangs- und Endpunkt beliebig definiert werden kann. Sie entscheiden selbst, wo Sie die Systemgrenzen setzen möchten. Wir können beispielsweise festlegen, dass der Brustkrebsdiagnoseprozess mit Sabines Termin beim Gynäkologen beginnt und beim Verlassen der Arztpraxis endet. Wir könnten aber auch sagen, dass der Prozess beginnt, als Sabine den Knoten ertastet und endet, als sie ihren Befund erhält. Wir bestimmen die Systemgrenzen immer selbst.

Hierbei ist es entscheidend, wo wir die Systemgrenzen setzen, da wir hierdurch festlegen, wie wir die Durchlaufzeit messen. Die Durchlaufzeit einer Flusseinheit ist einer der Parameter, die wir zum Berechnen der Flusseffizienz benötigen. Sie ist die Zeit, die die Flusseinheit benötigt, um den von uns definierten Prozess vom Anfang bis zum Ende zu durchlaufen.

Wenn wir von Durchlaufzeit sprechen, ist es wichtig, dies aus der Perspektive der Flusseinheit zu tun. Sabines Durchlaufzeit beträgt 42 Tage, Evas zwei Stunden. In diesen Beispielen wurde der Prozess als die Zeit definiert, die vom ersten Kontakt der Patientinnen mit dem Gesundheitssystem bis zu dem Moment vergeht, an dem sie ihren Befund erhalten.

Das Definieren von Prozessen und somit der Durchlaufzeit anhand des Zeitpunkt, an dem ein Bedarf identifiziert, bis zu dem Zeitpunkt, an dem dieser erfüllt wurde, stellt für die meisten Organisationen eine Herausforderung dar, kann aber auch interessante Effekte und Innovationen nach sich ziehen. Wenn wir z. B. die Durchlaufzeit eines Flugreisenden so definieren, dass diese mit dem Verlassen seiner Wohnung oder seines Arbeitsplatz beginnt und endet, wenn er im Flugzeug sitzt, resultiert dies in einem relativ langen Prozess. Um diesen Prozess zu verkürzen, lancierte die britische Fluggesellschaft Virgin Atlantic einen Service für viel beschäftigte Geschäftsführer und Staatsangestellte. Der Service beinhaltete, dass die Reisenden direkt an ihrem Arbeitsplatz abgeholt und per Motorrad durch den Londoner Verkehr auf dem schnellsten Weg nach Heathrow gefahren wurden, wo sie mittels eines so genannten Fast Track durch den gesamten Flugplatz geleitet wurden. Sie gingen ohne Schlange zu stehen an Bord und wurden direkt in die 1. Klasse geführt. Indem Virgin Atlantic den Weg des Kunden als Ganzes betrachtete, kreierte die Fluggesellschaft eine einzigartige Dienstleistung, für die sie einen Preis fordern konnte, der weit über dem üblichen lag.

Klassifizierung von Aktivitäten in einem Prozess

Alle Prozesse bestehen aus einer Reihe von Aktivitäten, die die Flusseinheit durchläuft. In Sabines Fall können wir diese Aktivitäten in eine Reihe von Filmsequenzen oder in verschiedene Kategorien unterteilen. Zwei zentrale Begriffe sind für das Verständnis von Flusseffizienz von entscheidender Bedeutung. *Wert* und *Bedarf.*

Wertschöpfende Aktivitäten

Um Flusseffizienz zu verstehen, müssen wir wissen, was mit dem Begriff wertschöpfende Aktivität gemeint ist. Um die Bedeutung von Wert definieren zu können, müssen wir Wert aus der Perspektive der Flusseinheit betrachten. Der Schwerpunkt liegt hierbei auf der Zeit, in welcher der Flusseinheit Wert zugeführt wird. Wert wird zugeführt, wenn etwas mit der Flusseinheit geschieht, während diese vorangeführt (bearbeitet) wird. Beispiele für wertschöpfende Aktivitäten sind:

- Wenn das Material für ein Auto in einer Maschine bearbeitet wird.
- Wenn ein Mitarbeiter des Bauamts den Bauantrag bearbeitet.
- Wenn Sabines oder Evas Brustkrebsdiagnoseprozess vorangeführt wird, z. B. wenn sie das Pflegepersonal treffen.

Wir sprechen also von wertschöpfenden Aktivitäten, wenn eine Flusseinheit in irgendeiner Form bearbeitet wird. Eine nicht-wertschöpfende Aktivität ist im Umkehrschluss eine Aktivität, bei der keine Bearbeitung der Flusseinheit stattfindet. Beispiele für nicht-wertschöpfende Aktivitäten sind:

- Wenn Material im Lager liegt und nicht abgeholt wird.
- Wenn ein Bauantrag auf einen Stapel landet und darauf wartet, bearbeitet zu werden.
- Wenn Sabine gezwungen wird, zehn Tage bis zum nächsten Mammografietermin zu warten.

In diesem Zusammenhang ist es wichtig zu betonen, dass in bestimmten Fällen auch die Wartezeit wertschöpfend sein kann. Der gereifte Käse und der 21-jährige Whisky sind Beispiele dafür, dass das Warten (die Reifung) wertschöpfend sein kann, da es Teil der eigentlichen Bearbeitung bzw. Veredelung ist. In diesem Fällen führt die Reifung der Flusseinheit (des Käses oder des Whiskys) einen Wert zu.

Der Bedarf definiert den Wert

Der Wert wird immer aus der Perspektive des Kunden definiert. Der Begriff *Kunde* ist jedoch in vielen Organisationen nicht ganz unproblematisch. Wer ist eigentlich der Kunde von öffentlichen Organisationen? Wer ist der Kunde der Feuerwehr? Wenn es problematisch ist, einen konkreten Kunden zu nennen, kann der Fokus auf den Bedarf gelegt werden, den die jeweilige Organisation erfüllt. In diesem Fall kann man sich die Frage stellen: Welchen Bedarf erfüllt die Feuerwehr? Die Feuerwehr ist unter anderem darauf spezialisiert, Brände zu löschen. Der Prozess wird in diesem Fall von dem Zeitpunkt an definiert, an dem der Bedarf erkannt wird (jemand entdeckt, dass es brennt und alarmiert die Feuerwehr) bis zu dem Zeitpunkt, an dem der Bedarf erfüllt ist (die Feuerwehr hat den Brand gelöscht).

Direkte und indirekte Bedarfe

Wenn es sich bei den Flusseinheiten um Menschen handelt, ist es wichtig, den Unterschied zwischen direkten und indirekten Bedarfen zu verstehen. Sabine und Eva hatten einen gemeinsamen Bedarf: einen Befund zu erhalten. Diesen Bedarf nennen wir den direkten Bedarf, da er der Grund war, warum sie ihren Gynäkologen aufsuchten. Sabine und Eva hatten auch andere, indirekte Bedarfe: sich gut aufgehoben zu fühlen, professionell behandelt zu werden, informiert und aufgeklärt zu werden. Bei direkten Bedarfen geht es meist darum, ein konkretes Ergebnis zu erzielen (z. B. eine Diagnose zu erstellen), während es bei indirekten Bedarfen um das eigentliche Erlebnis geht.

Wenn es sich bei den Flusseinheiten um Menschen handelt, ist es wichtig, die direkten und indirekten Bedarfe im Auge zu behalten, auch wenn der Schwerpunkt meist auf dem direkten Bedarf liegt. In der Notfallmedizin liegt es auf der Hand, den Schwerpunkt auf den direkten Bedarf (das Leben des Patienten zu retten) zu legen. Muss der Arzt jedoch einen Patienten darüber informieren, dass dieser an Krebs erkrankt ist, liegt der Schwerpunkt natürlich in erster Linie auf dem indirekten Bedarf, d. h. darauf, das Erlebnis für den Patienten trotz des Befundes noch möglichst angenehm zu gestalten (direkter Bedarf).

In der Wirtschaft bilden strategische Entscheidungen die Grundlage dafür, welche Bedarfe im Zentrum stehen sollten. Billigfluggesellschaften z. B. legen den Schwerpunkt auf den direkten Bedarf, indem sie „Personen transportieren“. Ein Kunde, der ein Ticket für die Business Class kauft, erwartet jedoch, dass die Reise ein angenehmes Erlebnis ist. Man erfüllt sowohl den direkten Bedarf (den Transport) als auch den indirekten (das Erlebnis).

Disney World ist ein Meister beim Erfüllen indirekter Bedarfe. Bereits in der Schlange zur Achterbahn wird uns vermittelt, dass wir etwas Wertvolles erleben, da ständig etwas geschieht. Und das, obwohl wir in Wirklichkeit nichts anderes tun, als in der Schlange zu stehen. Wie wir das Geschehen erleben, kann mitunter wichtiger sein als das, was tatsächlich geschieht (oder wie in diesem Fall, nicht geschieht). Der Bedarf, den Disney World erfüllen muss, umfasst nicht nur den Unterhaltungswert der einzelnen Attraktionen (direkter Bedarf), sondern auch das konstante Unterhalten der Besucher (indirekter Bedarf).

Das an der E4 in Richtung des Flughafens Arlanda in Stockholm gelegene Autohaus Upplands Motor ist ein Beispiel für ein Unternehmen, das gekonnt den indirekten Bedarfen seiner Kunden begegnet. Kunden des Autohauses werden mit folgendem Schild begrüßt:

> „Herzlich willkommen! Hier ziehen Sie Ihre Nummer. Sollten Sie ab dem Zeitpunkt, an dem Sie Ihre Nummer gezogen haben, länger als zehn Minuten auf Hilfe vom Servicecenter warten müssen, füllen wir kostenlos den Tank Ihres Wagens, den Sie bei uns in der Werkstatt abgeben.“

Bei Upplands Motor wird alles getan, damit das Warten nicht langweilig wird. Das Autohaus serviert seinen Kunden Frühstück und Mittagessen, stellt einen kostenlosen Internetzugang zur Verfügung, bietet Schönheitsbehandlungen und Massage sowie einen Transport zur nahegelegenen Driving Range, usw. an. Bei Upplands Motor steht das Erlebnis des Kunden im Mittelpunkt.

Flusseffizienz ist das Verhältnis von wertschöpfenden Aktivitäten zur Durchlaufzeit

Nachdem wir nun die Durchlaufzeit und die wertschöpfenden Aktivitäten ausführlich erklärt haben, können wir die Flusseffizienz genauer definieren:

> *Flusseffizienz ist die Summe der wertschöpfenden Aktivitäten im Verhältnis zur Durchlaufzeit.*

Die eigentliche Durchlaufzeit gibt häufig Aufschluss über den Wert, d. h. je kürzer sie ist, desto besser. Aber das muss nicht so sein. Schauen wir uns einen indirekten Bedarf an, um zu erklären warum.

Stellen Sie sich einen ausgesprochen flusseffizienten Zahnarzt vor. Sie kommen pünktlich auf die Minute in der Praxis an. Beim Betreten der Praxis stehen Sie bereits im Sprechzimmer, d. h. es gibt kein Wartezimmer. Um Zeit zu sparen, ist der Behandlungsstuhl bereits halb zurück gekippt. Nachdem Sie Platz genommen haben, werden Sie direkt in eine liegende Position abgesenkt. Der Zahnarzt wartet bereits mit dem Bohrer in der Hand. Die gesamte Behandlung ist innerhalb von fünf Minuten abgeschlossen.

Das ist Flusseffizienz auf Weltklasseniveau! Richtig? Oder vielleicht auch nicht. Vielleicht ist es ja so, dass der Patient auch indirekte Bedarfe hat. Eine Person, die Angst vor dem Zahnarzt hat, würde das oben beschriebene Beispiel vermutlich nicht als flusseffizienten Zahnarzttermin wahrnehmen. Solche Patienten brauchen Zeit, um im Wartezimmer Platz nehmen und sich entspannen zu können, eventuell auf die Toilette zu gehen oder einfach nur, um sich zu beruhigen. Sie werden mit großer Wahrscheinlichkeit mit dem Zahnarzt vor der Untersuchung einige Worte wechseln und erfahren wollen, was während der Untersuchung passiert. Abgesehen von einer Betäubungsspritze benötigen solche Patienten auch Zuspruch und beruhigende Worte. Diese Aktivitäten würden zwar zu einer Verlängerung der Durchlaufzeit führen, würden aber dem Prozess gleichzeitig auch Wert zufügen und ihn somit flusseffizienter machen.

Indirekte Bedarfe sind auch bei der Analyse unseres Brustkrebsbeispiels relevant. Vielleicht ist es ja so, dass Eva ihren Befund zu schnell erhält. Einen Befund Innerhalb von zwei Stunden zu erhalten, gerechnet vom ersten Kontakt mit der Arzthelferin, kann sehr belastend sein. Es hätte sicher nicht geschadet, wenn Eva zwischen den einzelnen Prozessschritten etwas mehr Zeit gehabt hätte. Den Befund zu begreifen und zu verarbeiten, ist ein indirekter Bedarf, der durch den direkten Bedarf entsteht: einen Befund zu erhalten. Es sind immer die spezifischen Bedarfe, die die wertschöpfenden Aktivitäten und somit die Flusseffizienz bestimmen.

Flusseffizienz ist die Dichte in der Wertübertragung

Es ist auch wichtig, zu betonen, dass unsere Definition von Flusseffizienz die *Dichte* in der Wertübertragung von einer

Ressource auf eine Flusseinheit mit einbezieht. Genauer gesagt geht es bei der Flusseffizienz um den *Anteil* der wertschöpfenden Aktivitäten im Verhältnis zur Durchlaufzeit. Es ist auch möglich, den Kundenwert zu verbessern, indem die *Geschwindigkeit* bei der Wertübertragung erhöht (oder gesenkt) wird. Dies kann mit dem folgenden Beispiel verdeutlicht werden.

Es ist Sommer und Zeit für einen Haarschnitt. Sie buchen einen Termin bei Ihrem Lieblingsfriseur Thomas bei einer Filiale von Essanelle. Sie nehmen im Friseurstuhl Platz und lassen sich 40 Minuten lang pflegen und verwöhnen. Der gesamte Friseurbesuch dauert 50 Minuten. Die wertschöpfende Zeit des Friseurbesuchs beträgt demnach 40 Minuten und die Gesamtzeit beträgt 50 Minuten, was einer Flusseffizienz von 80 % entspricht.

Ihr Bekannter ist von Ihrem neuen Look begeistert und beschließt, sich ebenfalls einen Friseurbesuch zu gönnen. Er bucht bei seiner Lieblingsfriseurin Bettina bei der Friseurkette Klier einen Termin. Bettina ist bereits nach 30 Minuten mit dem Haare schneiden fertig und der gesamte Friseurbesuch dauert 40 Minuten. Die Flusseffizienz beim Friseurbesuch Ihres Bekannten beträgt somit 75 %.

Bettina braucht für den Haarschnitt Ihres Bekannten zehn Minuten weniger als Thomas, d. h. die Wertübertragung geht bei Bettina schneller. Wenn wir jedoch die beiden Friseure aus Sicht der Flusseffizienz vergleichen, ist Thomas effektiver (80 % Flusseffizienz) als Bettina (75 % Flusseffizienz). Da sich aber die Geschwindigkeit der Wertübertragung in den beiden Beispielen voneinander unterscheidet, hinkt der Vergleich. Es werden sozusagen Äpfel mit Birnen verglichen.

Bei der Flusseffizienz geht es nicht darum, die Geschwin-digkeit der wertschöpfenden Aktivitäten zu verbessern, sondern darum, die Dichte in der Wertübertragung zu maximieren und nicht-wertschöpfende Aktivitäten zu eliminieren. Anstatt schneller die Haare zu schneiden, geht es darum, die Wartezeit bis zum eigentlichen Haarschnitt zu verkürzen. Bei wertschöpfenden Aktivitäten geht es im Hinblick auf Flusseffizienz darum, die „richtige" Geschwindigkeit zu identifizieren. Was ist die richtige Geschwindigkeit für den Kunden? Was ist die richtige Geschwindigkeit für den Mitarbeiter? Hier geht es darum, den Kundenwert durch Ermittlung des optimalen Gleichgewichts zu maximieren.

Organisationen bestehen aus vielen Prozessen

Im Hinblick auf Prozesse gibt es zahlreiche Missverständnisse. Das gängigste ist vermutlich, dass Prozesse auf formalisierte Arbeitsabläufe beschränkt sind. Dies ist jedoch keineswegs der Fall. In vielen Organisationen wird das Wort Prozess zur Beschreibung formalisierter Arbeitsabläufe verwendet. Diese Arbeitsabläufe werden in unterschiedlichen Systemen dokumentiert und beschreiben, wie eine bestimmte Aufgabe, z. B. die Auswahl eines neuen Mitarbeiters oder der Einkauf von Arbeitshandschuhen, abläuft. Außerdem wird angegeben, wer welche Aktivitäten ausführen soll und in welcher Reihenfolge.

Betrachtet man Prozesse ausschließlich als formalisierte Arbeitsabläufe, geht viel von der eigentlichen Bedeutung des Begriffs verloren. Es ist wichtig, darauf hinzuweisen, dass es in allen Organisationen Prozesse gibt, unabhängig davon, ob diese formalisiert sind oder nicht. Prozesse sind die Bausteine von Organisationen. Durch sie werden in Organisationen die erforderlichen Arbeiten ausgeführt. Es sind die Prozesse, in denen Flusseffizienz entsteht.

Aber aus wie vielen Prozessen besteht eine Organisation? Manche behaupten, dass alle Organisationen mithilfe weniger Hauptprozesse beschrieben werden können, z. B.

von der Beauftragung zur Lieferung oder von der Idee zum fertigen Produkt. Das ist das eine Extrem. Das andere Extrem kann anhand des Unternehmens Volvo Personvagnar illustriert werden, das Tausende von Prozessen definiert und dokumentiert hat. Aber was ist richtig? Die Antwort ist: Es kommt darauf an.

Erstens beruht die Anzahl der Prozesse darauf, wie wir die Systemgrenzen definiert haben (wo der Prozess anfängt und wo er endet). Diese Systemgrenzen legen wir beliebig fest, was es kompliziert macht, die Anzahl der Prozesse zu spezifizieren.

Zweitens hängt die Prozessanzahl vom *Abstraktionsniveau* ab. Ein Prozess auf hohem Abstraktionsniveau kann aus unterschiedlichen Unternehmen bestehen, die in einer Wertkette am Einkauf von Rohmaterialien, der Herstellung von Produkten und der Lieferung dieser Produkte an den Endkunden beteiligt sind. Ein Prozess auf niedrigem Abstraktionsniveau kann aus unterschiedlichen Maschinen bestehen, die in einer Fabrik zur Herstellung von Produktkomponenten eingesetzt werden.

Beim Abstraktionsniveau geht es darum, dass eine Organisation als eine Einheit mit einer Reihe von Hauptprozessen definiert werden kann. Jeder Hauptprozess besteht wiederum aus verschiedenen Teilprozessen. Jeder Teilprozess kann wiederum in weitere Teilprozesse unterteilt werden, usw. Die kleinsten Prozessbestandteile bilden die Sequenzen, in welche die einzelnen Aktivitäten unterteilt sind.

Da wir Prozesse auf unterschiedliche Art definieren und auf unterschiedlichen Abstraktionsniveaus betrachten können, gibt es im Hinblick auf die Anzahl der Prozesse, aus denen eine Organisation bestehen sollte, keine falsche oder richtige Antwort. Diese Bewertung ist immer subjektiv.

KAPITEL 3

Was bewirkt, dass Prozesse fließen?

Um zu verstehen, welche Aspekte effiziente Prozessabläufe innerhalb einer Organisation behindern, muss man wissen, *dass die Art und Weise, wie Prozesse ablaufen, von bestimmten Gesetzen gesteuert wird*. Das Wort Gesetz ist hierbei von zentraler Bedeutung, da es besagt, dass die Eigenschaften universell sind und mathematisch bewiesen werden können. Die Gesetze gelten unabhängig vom Typ der zu bearbeitenden Flusseinheit und unserer Prozessdefinition. In diesem Kapitel befassen wir uns genauer mit drei in diesem Zusammenhang relevanten Gesetzen. Jedes dieser Gesetze verdeutlicht, wie Prozesse ablaufen und warum es schwierig ist, eine hohe Flusseffizienz zu erreichen. Außerdem helfen sie uns zu verstehen, warum es schwierig ist, hohe Ressourceneffizienz mit hoher Flusseffizienz zu kombinieren. Weiter erschwert wird dies durch die Tatsache, dass Prozesse einen unterschiedlich hoher Grad an Variation aufweisen.

Der Prozess, an Bord eines Flugzeugs zu gehen

Sie kommen später als geplant am Flughafen an. Kein schönes Gefühl, da Sie normalerweise gerne zeitig dort sind, um noch in Ruhe durch die Geschäfte schlendern, ein Parfüm oder eine gute Flasche Wein kaufen zu können. Aber heute lief bereits von Anfang an alles schief. Der dichte Berufsverkehr führte dazu, dass Sie zu spät am Bahnhof ankamen und deswegen den Zug verpassten, mit dem Sie zum Flughafen fahren wollten. Kein guter Start.

Zum Glück geht es beim Einchecken meist zügig voran, die Warteschlangen sind deutlich kürzer geworden, seit es die Möglichkeit gibt, über das Internet einzuchecken. Sie haben bereits von Zuhause aus eingecheckt und konnten sogar einen der beliebten Plätze am Notausgang ergattern.

Unglücklicherweise haben sich die Warteschlangen, die sich früher beim Einchecken bildeten, nun zur Gepäckabgabe verlagert. Es ist nur ein Schalter geöffnet, an dem man sein Gepäck abgeben kann, also bleibt Ihnen nichts anderes übrig, als sich anzustellen. Das Warten bei der Gepäckabgabe stresst Sie mehr als sonst, da Ihnen bewusst ist, dass Ihnen das Schlimmste noch bevorsteht: das Passieren der Sicherheitskontrolle. Die Terroranschläge der letzten Jahre haben weltweit zu verstärkten Sicherheitsvorkehrungen an Flughäfen geführt. Demzufolge ist das Passieren der Sicherheitskontrolle mit ihren obligatorischen Warteschlangen zum unangenehmsten Moment einer Flugreise geworden.

Nachdem Sie Ihren Koffer abgegeben haben, passieren Sie problemlos die automatisierte Bordkartenkontrolle. Doch genau wie befürchtet, haben sich vor der Sicherheitskontrolle bereits Warteschlangen gebildet. Sie werfen einen Blick auf die Uhr und stellen fest, dass die Zeit langsam knapp wird. Der Stresspegel steigt und das Einzige, an das Sie denken können, ist, möglichst schnell durch die Sicherheitskontrolle zu kommen. Sie wissen, dass es zum Gate relativ weit ist.

Sie sehen sich um und entdecken, dass die Warteschlange an einer anderen Kontrollstation kürzer ist. Also beeilen Sie sich, die Schlange zu wechseln, bevor die anderen Passagiere dies ebenfalls bemerken. Sobald Sie in der neuen Warteschlange stehen, atmen Sie tief durch und werden augenblicklich etwas ruhiger.

Bald stellen Sie jedoch zu Ihrem Entsetzen fest, dass sich diese Schlange nur langsam vorwärts bewegt. Sehr langsam. Sie versuchen zu sehen, warum dies so ist, und entdecken ganz vorne einen älteren Herrn. Er hat einen Berg von Dingen, die er auf das Band legen muss und weiß offensichtlich nicht, dass Münzen usw. aus den Taschen genommen werden müssen. Außerdem muss er die Schuhe ausziehen. Er ist nicht begeistert, genauso wenig wie das Sicherheitspersonal. Sie selbst ärgern sich, als Sie feststellen, dass die Frau, hinter der Sie vor kurzem in der anderen Schlange gestanden haben, gerade durch die Kontrolle geht.

Das ist wirklich nicht mein Tag, seufzen Sie. Die Hoffnung, den Duty Free-Shop besuchen zu können, haben Sie seit langem aufgegeben und es ist Ihnen klar, dass Sie auf dem letzten Stück zu Ihrem Gate einen Spurt hinlegen müssen.

Während Sie im Dauerlauf zum Gate hetzen, versprechen Sie sich selbst, das nächste Mal früher von Zuhause wegzufahren. Auf diesen Stress möchten Sie zukünftig verzichten. Als Sie sehen, dass auf der Informationstafel neben Ihrer Flugnummer gerade die Mitteilung „Go to gate" erscheint, werden Sie etwas ruhiger, da Sie wissen, dass diese Information immer einige Zeit vor Beginn des Boardings angezeigt wird.

Sie kommen an Ihrem Gate an, als gerade der letzte Aufruf durchgesagt wird. Sie passieren schnell die letzte Kontrolle von Pass und Bordkarte. Aber das Schlangestehen ist noch nicht vorbei. Bis sich alle gesetzt und ihr kleines und großes Handgepäck verstaut haben, bildet sich erneut eine lange Schlange, diesmal im Gang des Flugzeugs. Zum Schluss sitzen Sie auf Ihrem Platz am Notausgang und können endlich die Beine ausstrecken. Der Weg vom Eingang des Flughafengebäudes bis zum Sitzplatz kann offensichtlich mit enormem Stress verbunden sein. Einige der Gründe, die Ihren Stress verursachten, lassen sich durch die *Gesetze* erklären, die bestimmen, wie Prozesse ablaufen.

Littles Gesetz

Das erste Gesetz, das uns hilft, Prozessabläufe zu verstehen, ist *Littles Gesetz*. Das Gesetz ist intuitiv einfach zu verstehen und wir können es mithilfe des Flughafenbeispiels verdeutlichen. Littles Gesetz erklärt, warum die neue Warteschlange an der Sicherheitskontrolle langsamer ist als die Schlange, an der Sie sich zuerst angestellt hatten.

Littles Gesetz und die Sicherheitskontrolle

Ihnen ging es darum, die Sicherheitskontrolle möglichst schnell zu passieren. Sie waren auf eine kurze Durchlaufzeit aus und wählten daher die kürzeste Schlange. Was Sie hierbei nicht bedachten, war die durchschnittliche Zeit, die das Personal zur Kontrolle der einzelnen Personen benötigte. In der zweiten Warteschlange dauerten die Kontrollen länger als in der Schlange, in der Sie sich zuerst angestellt hatten. Die Durchlaufzeit ist das Produkt der Anzahl der Personen in der Warteschlange und der durchschnittlichen Zeit, die zur Kontrolle einer Person erforderlich ist.

Die Entscheidung, an welcher Warteschlange Sie sich in der Sicherheitskontrolle anstellen, verdeutlicht Littles Gesetz. Es lautet:

Durchlaufzeit = Flusseinheiten in Arbeit x Zykluszeit

Wir haben die Durchlaufzeit bereits als die Zeit innerhalb der Systemgrenzen definiert, d. h. als wir festgelegt haben, wo ein Prozess beginnt bzw. endet. In unserem Beispiel beginnt der Prozess, als Sie sich in der Schlange angestellt haben und endet, als Sie die Sicherheitskontrolle passieren. Wir hätten als Systemgrenzen auch das Betreten des Flughafengebäudes und das Passieren der Flugzeugtür festlegen können. Entscheidend ist, dass das Gesetz immer gilt, unabhängig davon, wie wir die Systemgrenzen definieren. In Abhängigkeit der von uns festgelegten Systemgrenzen müssen wir lediglich anpassen, wie wir sowohl die *Flusseinheiten in Arbeit* als auch die *Zykluszeit* definieren.

Mit Flusseinheiten in Arbeit meinen wir alle Flusseinheiten, die sich innerhalb der gewählten Systemgrenzen befinden, d. h. alle Flusseinheiten, die den aktuellen Prozess begonnen, aber noch nicht abgeschlossen haben. In unserem Flughafenbeispiel sind die Flusseinheiten in Arbeit die Personen, die darauf warten, die Sicherheitskontrolle passieren zu können.

Die Zykluszeit ist die durchschnittliche Zeit, die vergeht, bis zwei Flusseinheiten den Prozess durchlaufen haben und definiert somit den Takt, in dem Flusseinheiten einen Prozess durchlaufen. In unserem Beispiel ist die Zykluszeit die durchschnittliche Zeit vom Abschluss des Kontrollvorgangs für eine Person bis zum Abschluss der Kontrolle der nächsten Person in der Warteschlange.

Wir zeigen nun, wie Sie sich Littles Gesetz bei der Wahl der Schlange zunutze hätten machen können. Nehmen wir an, dass in der ersten Schlange 15 Personen warteten. In der Schlange, zu der Sie wechselten, standen nur zehn Personen. In der ersten, der schnelleren Schlange, wurde jede Minute eine Person in der Sicherheitskontrolle abgefertigt. In der zweiten, der langsameren Schlange, dauerte die Abfertigung einer Person zwei Minuten. Daraus ergibt sich Folgendes:

Durchlaufzeit in der ersten Schlange = 15 Personen x 1 Minute = 15 Minuten

Durchlaufzeit in der zweiten Schlange = 10 Personen x 2 Minuten = 20 Minuten

Littles Gesetz und Durchlaufzeit

Littles Gesetz zeigt also, dass die Durchlaufzeit von zwei Faktoren beeinflusst wird: der Anzahl der Flusseinheiten in Arbeit und der Zykluszeit. Eine längere Zykluszeit bedeutet eine längere Durchlaufzeit. Eine lange Zykluszeit entsteht entweder, wenn wir nicht schneller arbeiten können oder wenn Kapazitätsengpässe bestehen.

Littles Gesetz zeigt auch, dass die Durchlaufzeit länger wird, wenn die Anzahl der Flusseinheiten in Arbeit zunimmt. Je mehr Personen vor Ihnen an der Sicherheitskontrolle warten, desto länger dauert es, bis alle Personen die Kontrolle passiert haben (unter der Voraussetzung, dass die Zykluszeit konstant ist). Flusseinheiten in Arbeit erhöhen also die Durchlaufzeit.

Hier liegt ein Paradox vor. Wenn wir eine hohe Ressourceneffizienz sicherstellen wollen, müssen wir dafür sorgen, dass unsere Ressourcen immer maximal ausgenutzt werden, am besten zu 100 Prozent. Hierzu ist es jedoch erforderlich, dass es immer etwas zu tun gibt. Dies bedeutet wiederum, dass wir einen Puffer aus Flusseinheiten benötigen, damit wir nicht Gefahr laufen, auf Arbeit warten zu müssen. Es ist besser, dass die Flusseinheiten warten, bis wir frei sind, als dass wir warten müssen, bis die Flusseinheiten zu uns kommen.

Wir verdeutlichen dies am Beispiel eines Facharztes im Gesundheitssystem. Wenn der Schwerpunkt darauf gelegt wird, die Ressourcen so effizient wie möglich zu nutzen, ist es besser, dass die Patienten auf den Facharzt warten als umgekehrt. Das Paradox liegt also darin, dass sich die Durchlaufzeit verlängert, wenn wir einen Puffer aus Flusseinheiten schaffen (um eine effiziente Nutzung der Ressourcen sicherzustellen).

In Sabines Fall umfasste das Gesundheitssystem verschiedene Spezialisten und der Schwerpunkt lag auf der Ressourceneffizienz. Wenn der Schwerpunkt auf Ressourceneffizienz liegt, ist es wichtig, die Kompetenz der verschiedenen Spezialisten optimal auszunutzen. Die Warteschlangen stellen also sicher, dass die Spezialisten immer etwas zu tun haben. Daher muss die Patientin zwischen den einzelnen Prozessschritten warten, um ihren Befund zu erhalten. Die Durchlaufzeit ist lang und die Flusseffizienz gering. Eva hingegen erlebt ein Gesundheitssystem, bei dem nur ein Bedarf im Zentrum steht: der Bedarf, eine Brustkrebsdiagnose zu erstellen. Es sind weniger Patienten im Umlauf, was zu einer kürzeren Durchlaufzeit und zu einer höheren Flusseffizienz führt.

Das Gesetz der Kapazitätsengpässe

Das andere Gesetz, das uns hilft zu verstehen, wie Prozesse ablaufen, aber auch, welche Aspekte effiziente Prozessabläufe innerhalb einer Organisation verhindern, ist das Gesetz der *Kapazitätsengpässe* oder „*Flaschenhälse*" (*bottlenecks*). Wie das Beispiel des Boarding-Prozesses verdeutlicht, ist es kaum möglich, sich ungehindert durch einen Flughafen zu bewegen. Es kommt häufig zu einer Vielzahl von Stopps, an denen sich Warteschlangen bilden. Diese Stopps sind Flaschenhälse. Es sind Schritte in Form von Teilprozessen oder einzelnen Aktivitäten, die, genau wie der Hals einer Flasche, den Durchfluss begrenzen. Es sind diese Schritte, die den Reisenden auf seinem Weg durch den Flughafen behindern.

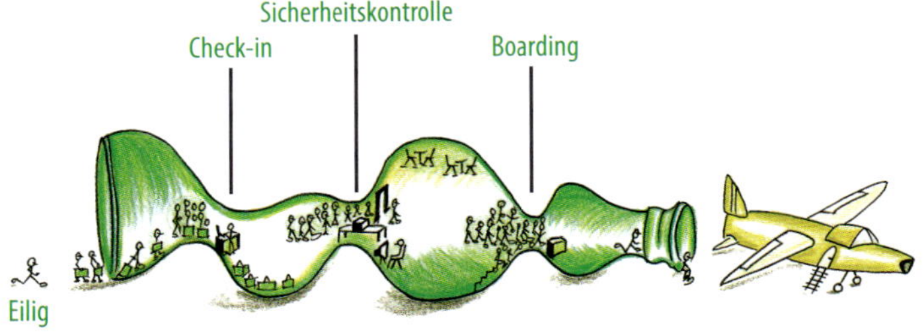

Flaschenhälse verlängern die Durchlaufzeit

Das Gesetz der Kapazitätsengpässe besagt, dass die Durchlaufzeit in einem Prozess in erster Linie von dem Prozessabschnitt mit der längsten Zykluszeit beeinflusst wird. Anhand des Flughafenbeispiels wird verdeutlicht, was ein Flaschenhals ist. Man kann sagen, dass der Flaschenhals der Teil des Prozesses ist, der den geringsten Durchsatz hat – er „drosselt" den Durchfluss und reduziert somit den Durchlauf des gesamten Prozesses.

Prozesse, bei denen Flaschenhälse vorkommen, zeichnen sich durch zwei Merkmale aus:

1. Direkt vor einem Flaschenhals bildet sich immer ein Stau, unabhängig davon, ob es sich um Material, Informationen oder Personen handelt, die den Prozess durchlaufen. Es ist häufig klar erkennbar, welcher Schritt eines Prozesses ein Flaschenhals ist, vor allem dann, wenn es sich bei den Flusseinheiten um Menschen oder Material handelt. Handelt es sich bei den Flusseinheiten um Informationen, kann es schwieriger sein, den Stau vor dem Flaschenhals zu erkennen. Nichtsdestotrotz gibt es ihn.

2. Die Prozessschritte, die nach dem Flaschenhals kommen, müssen darauf warten, aktiviert zu werden und sind somit nicht voll ausgelastet. Da der Flaschenhals der Prozessschritt mit dem geringsten Durchsatz ist, sind die Schritte, die nach dem Flaschenhals kommen, nicht voll ausgelastet.

Aber auch wenn es uns gelingt, einen Kapazitätsengpass zu eliminieren, z. B. indem wir mehr Ressourcen einsetzen oder schneller arbeiten, taucht leider an einer anderen Stelle ein neuer Engpass auf – dies ist unvermeidbar. Es ist genau wie bei dem Spiel „Hau den Maulwurf“: egal, wie schnell man zuschlägt, es steckt immer wieder ein neuer Maulwurf seinen Kopf aus dem Loch. Auf die gleiche Art verschieben sich die Flaschenhälse innerhalb eines Prozesses und tauchen an anderen Stellen auf.

Flaschenhälse erhöhen also die Durchlaufzeit, da ein Stau aus Flusseinheiten entsteht, die darauf warten, bearbeitet zu werden. Da es sich um Wartezeit handelt, ist die Zeit, um die sich die Durchlaufzeit verlängert, meist nicht wertschöpfend. Streben wir nach einer hohen Flusseffizienz, geht es darum, Flaschenhälse in unseren Prozessen zu vermeiden. Aber wenn wir nun so eifrig daran arbeiten, Flaschenhälse zu vermeiden, warum entstehen sie trotzdem?

Gründe für Flaschenhälse

Es gibt zwei Gründe, warum Flaschenhälse in Prozessen entstehen. Zum einen müssen die einzelnen Prozessschritte in einer bestimmten Reihenfolge ausgeführt werden. In unserem Flughafenbeispiel müssen Sie, der Passagier, erst einmal am Flughafen ankommen, bevor Sie Ihr Gepäck aufgeben können. Sie müssen Ihr Gepäck aufgeben, bevor Sie die Sicherheitskontrolle passieren können. Sie müssen die Sicherheitskontrolle passieren, bevor Sie zu Ihrem Gate gehen können. Und Sie müssen das Gate passieren, bevor Sie ins Flugzeug einsteigen.

Diese erste Bedingung für Flaschenhälse ist immer erfüllt. Vor allem, wenn wir die Systemgrenzen für unseren Prozess relativ weit stecken, z. B. von dem Zeitpunkt, an dem ein Bedarf entsteht, bis zu dem Zeitpunkt, an dem der Bedarf erfüllt ist. Bedarfe können häufig nicht an einem Ort von nur einer Person erfüllt werden. Es liegt in der Natur von Organisationen, die Aktivitäten, die zur Erfüllung der Bedarfe erforderlich sind, in unterschiedliche Schritte aufzuteilen.

Der zweite Grund ist das Vorhandensein von Prozessvariationen. An der Sicherheitskontrolle am Flughafen brauchen die Reisenden unterschiedlich lange, um diese zu passieren. Manche haben Laptops, die aus dem Koffer genommen werden müssen, anderen haben Münzgeld in der Tasche vergessen, wiederum andere haben Parfümflaschen dabei, die mehr als 100 ml enthalten. All dies kann dazu führen, dass die Zeit an der Sicherheitskontrolle variiert. Es ist im Prinzip nicht möglich, Variationen zu vermeiden, die einen negativen Einfluss auf die Prozesse haben. Dies wird durch das dritte Gesetz erklärt: das Gesetz über *den Einfluss der Variation auf Prozesse.*

Das Gesetz über den Einfluss der Variation auf Prozesse

Das dritte Gesetz, das uns hilft, Prozessabläufe zu verstehen, ist das Gesetz über den Zusammenhang zwischen Variation, Ressourceneffizienz und Durchlaufzeit. Der entscheidende Faktor ist hier die Variation und ihr erheblicher Einfluss auf die Flusseffizienz. Besonders negativ wirkt sich Variation auf die Fähigkeit von Organisationen aus, hohe Ressourceneffizienz mit hoher Flusseffizienz zu kombinieren. Aus diesem Grund ist es für das Verständnis von Flusseffizienz von grundlegender Bedeutung zu verstehen, was Variationen sind und wie sie sich auf Prozesse auswirken.

Was ist Variation?
Es gibt faktisch keine Prozesse, die keiner Variation unterliegen. Dies liegt daran, dass Variationen überall vorkommen. Auf übergeordneter Ebene können sie in drei Kategorien eingeteilt werden: Ressourcen, Flusseinheiten und äußere Faktoren.

> *Ressourcen*: Maschinen können ausfallen, was zu Variationen führt. Bestimmte Organisationssysteme sind zäh, andere laufen reibungslos. Unterschiedliche Ärzte nehmen sich für die Untersuchung ihrer Patienten unterschiedlich viel Zeit. Erfahrenes Personal ist schnell und arbeitet strukturiert, während Anfänger sich zunächst herantasten müssen. Manchmal sind wir motiviert und energiegeladen, manchmal sind wir müde.
> *Flusseinheiten:* Die Kunden eines Friseurs möchten nicht alle die gleiche Frisur. Autos, die in der Werkstatt abgegeben werden, haben unterschiedliche Schäden. Bauanträge können falsch ausgefüllt sein. Somit dauert die Behandlung mancher Vorgänge länger als die von anderen.

Äußere Faktoren: Die Anzahl der Patienten in der Notaufnahme ist nicht konstant. Der Verkauf von Ostereiern ist stark saisonabhängig. Zwei Reisebusse mit hungrigen Studenten machen unangemeldet an einem Fastfood-Restaurant Halt.

Unabhängig davon, welche Faktoren Variation verursachen, letztere wirkt sich entweder auf die Bearbeitungszeit oder auf die Ankunftszeit aus. Es entsteht somit Variation bezüglich der Zeit, die die unterschiedlichen Flusseinheiten benötigen, um den Prozess zu durchlaufen und/oder Variation bezüglich der Zeit, zu der die Flusseinheiten in den Prozess einfließen. Wir verdeutlichen dies mithilfe der nachfolgenden Beispiele:

- In der Automobilproduktion treten hin und wieder Qualitätsprobleme an einer Maschine auf und das Unternehmen muss ein Produkt überarbeiten. Dies führt zu einer Variation in der Bearbeitungszeit.
- Unterschiedliche Bauanträge brauchen unterschiedlich lang, um bearbeitet zu werden. Manche Anträge wie z. B. das Austauschen von Fenstern, sind unkompliziert. Andere Anträge, wie z. B. Neubauten in Strandnähe sind aufwendiger und brauchen mehr Zeit. Dies führt zu einer Variation in der Bearbeitungszeit.
- Im Beispiel des Brustkrebsdiagnoseprozesses kann es vorkommen, dass eine Patientin nicht rechtzeitig zum Mammografietermin erscheint. Dies führt zu Variationen in der Ankunftszeit.
- Die Nachfrage nach den Dienstleistungen der Feuerwehr erfolgt nicht in regelmäßigen Abständen. Es ist nicht möglich, im Voraus zu wissen, wann ein Brand ausbrechen wird. Auch dies führt zu Variationen in der Ankunftszeit.

Es besteht eine Beziehung zwischen der Variation in der Bearbeitungszeit und der Variation in der Ankunftszeit. Liegt ein Prozess vor, der aus verschiedenen Schritten besteht, führt eine Variation in der Bearbeitungszeit im ersten Schritt auch zu einer Variation in der Ankunftszeit der folgenden Schritte.

Wie das Beispiel verdeutlicht, ist es schwierig, sich einen Prozess ohne Variation vorzustellen. Variationen zu vermeiden, ist besonders problematisch, wenn es sich bei den Flusseinheiten eines Prozesses um Personen handelt. Alle Menschen sind verschieden und haben individuelle Bedarfe. Dies gilt vor allem für die indirekten Bedarfe. Menschen stellen eine natürliche Variation dar, die nur äußerst schwierig in den Griff zu bekommen ist. Wir können die Handhabung von Menschen nicht auf die gleiche Weise standardisieren wie die Handhabung von Material oder, bis zu einem gewissen Grad, Informationen. Es ist im Prinzip unmöglich, sich einen Prozess ohne Variation vorzustellen, auch wenn der Variationsgrad unterschiedlich sein kann.

Der Zusammenhang zwischen Variation, Ressourceneffizienz und Durchlaufzeit

Der starke Einfluss, den Variation auf die Flusseffizienz hat, lässt sich durch den Zusammenhang zwischen Variation, Ressourceneffizienz und Durchlaufzeit erklären. Dieser Zusammenhang wurde in den 1960er Jahren von Sir John Kingman in der bekannten *Kingman-Gleichung* formalisiert und wird nachfolgend grafisch illustriert:

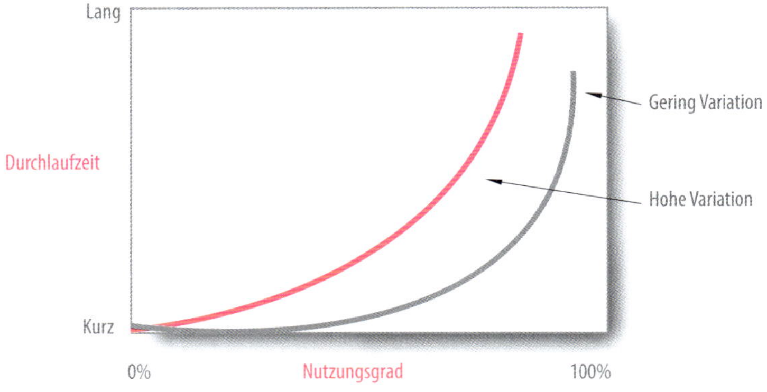

Die Abbildung verdeutlicht die Abhängigkeit der Durchlaufzeit (auf der vertikalen Achse) vom Nutzungsgrad (auf der horizontalen Achse).

- Die Durchlaufzeit wird länger, je weiter oben wir uns auf der vertikalen Achse befinden.
- Der Nutzungsgrad auf der horizontalen Achse ist das Maß dafür, wie effizient wir unsere Ressourcen nutzen. Je näher wir an 100 % liegen, desto höher ist unsere Ressourceneffizienz.

Der Zusammenhang zwischen Durchlaufzeit und Nutzungsgrad wird mithilfe zweier Kurven verdeutlicht. Eine Kurve für geringe und eine Kurve für hohe Variation innerhalb des Prozesses.

Wenn wir uns die Form der Kurven in der Abbildung oben anschauen, sehen wir den ersten Effekt der Variation. Die Durchlaufzeit wird länger, je mehr wir uns dem Nutzungsgrad von 100 Prozent nähern. Wenn wir den Nutzungsgrad von 90 auf 95 Prozent erhöhen, verlängert sich die Durchlaufzeit deutlich mehr als bei einer Erhöhung des Nutzungsgrads von

80 auf 85 Prozent, obwohl der Nutzungsgrad in beiden Fällen um fünf Prozent erhöht wird. Der Zusammenhang zwischen Durchlaufzeit und Nutzungsgrad ist mit anderen Worten nicht linear sondern exponentiell. Dies bedeutet: Je näher wir am Nutzungsgrad von 100 Prozent liegen, desto größer ist der Effekt, den die Erhöhung des Nutzungsgrads auf die Durchlaufzeit hat.

Den anderen Effekt der Variation sehen wir, wenn wir die beiden Kurven in der Abbildung oben vergleichen. Der Effekt wird dadurch verdeutlicht, dass die gesamte Kurve bei dem Beispiel mit hoher Variation nach links verschoben ist. Wenn wir davon ausgehen, dass der Nutzungsgrad konstant bleibt, ergibt sich aus der Abbildung folgende Aussage:

Je größer die Variation in einem Prozess, desto länger die Durchlaufzeit.

Die Bedeutung der Variation in Prozessen ist grundlegend, um Flusseffizienz zu verstehen. Nehmen wir z. B. eine Autobahn. Wenn alle Fahrzeuge mit genau der gleichen Geschwindigkeit fahren, kommt es nicht zu einem Stau. Staus entstehen, wenn Fahrzeuge – aus welchen Gründen auch immer – nicht die gleiche Geschwindigkeit halten.

Das Verständnis der Prozessgesetze ist die „theoretische Prüfung" der Organisationen

Um zu verstehen, was Organisationen daran hindert, eine hohe Flusseffizienz zu erreichen, müssen wir die drei Gesetze verstehen, die in diesem Kapitel vorgestellt wurden. Die Gesetze verdeutlichen, warum die Durchlaufzeit in einem Prozess länger wird:

- Littles Gesetz besagt, dass die Durchlaufzeit länger wird, je mehr Flusseinheiten im Prozess sind und je länger die Zykluszeit ist.
- Das Gesetz der Kapazitätsengpässe besagt, dass sich durch Flaschenhälse die Durchlaufzeit in einem Prozess verlängert.
- Das Gesetz über den Einfluss der Variation auf Prozesse besagt, dass die Durchlaufzeit länger wird, je größer die Variation in einem Prozess ist und je näher wir uns am Nutzungsgrad von 100 Prozent befinden.

Was sagen also diese Gesetze über die Flusseffizienz aus? In Kapitel 2 haben wir die Flusseffizienz als Summe der wertschöpfenden Aktivitäten im Verhältnis zur Durchlaufzeit definiert. Das heißt, dass die Flusseffizienz bei zunehmender Durchlaufzeit automatisch abnimmt. Dies ist der Fall, wenn es uns nicht gelingt, die wertschöpfende Zeit entsprechend zu verlängern.

Nehmen wir an, dass wir eine längere Durchlaufzeit kompensieren, indem wir für den Kunden einen indirekten Wert schaffen. Indem wir z. B. den Besuchern eines Vergnügungsparks, die an einem Fahrgeschäft anstehen, während der Wartezeit etwas bieten (d. h. einen Wert zuführen), vermeiden wir, dass die längere Durchlaufzeit die Flusseffizienz negativ beeinflusst. Wenn die wertschöpfende Zeit jedoch nicht im Gleichschritt mit der Durchlaufzeit zunimmt, nimmt die Flusseffizienz ab. So ist es normalerweise.

Die drei Gesetze helfen uns zu verstehen, dass die Flusseffizienz durch zahlreiche Faktoren beeinflusst wird: Anzahl der Flusseinheiten in Arbeit, Zykluszeit, Flaschenhälse, Variation und Ressourceneffizienz.

Wir können mithilfe der Gesetze jedoch auch verstehen, dass es im Prinzip unmöglich ist, eine hohe Ressourceneffizienz mit hoher Flusseffizienz zu kombinieren. Hohe Ressourceneffizienz erfordert, dass wir viele Flusseinheiten in Arbeit haben, d. h. Leerlauf muss vermieden werden. Laut Littles Gesetz nimmt die Flusseffizienz ab, wenn die Anzahl der Flusseinheiten zunimmt. Liegt zudem ein Prozess mit hoher Variation vor, zeigt das Gesetz über den Einfluss der Variation, dass es unmöglich ist, hohe Ressourceneffizienz mit hoher Flusseffizienz zu kombinieren.

Wie soll es uns also gelingen, die Flusseffizienz zu verbessern? Mithilfe der Gesetze müssten Organisationen eigentlich erkennen, mit welchen Maßnahmen sie die Flusseffizienz in ihren Prozessen verbessern können. Natürlich ist es leichter gesagt als getan, diese umzusetzen, aber auf hohem Abstraktionsniveau lässt sich die Flusseffizienz durch folgende Maßnahmen verbessern:

- Wir können die Anzahl der Flusseinheiten reduzieren, indem wir versuchen, die Ursachen für Staus (Material, Informationen, Menschen) zu eliminieren. Die Stauursachen sind natürlich zahlreich und variieren von Prozess zu Prozess.
- Wir können schneller arbeiten, wodurch sich die Zykluszeit reduziert.
- Wir können mehr Ressourcen einsetzen, was die Kapazität erhöht und die Zykluszeit reduziert.
- Wir können versuchen, die unterschiedlichen Variationen, die in Prozessen vorkommen, zu eliminieren oder zu reduzieren.

Viele Organisationen verfügen jedoch über eine Struktur, die auf die Verbesserung der Ressourceneffizienz ausgerichtet ist, wodurch die oben genannten Maßnahmen nur schwierig durchzuführen sind. Wie wir in Kapitel 1 bereits erwähnt haben, ist es äußerst wichtig, die Ressourceneffizienz zu erhöhen. Die Prozessgesetze zeigen aber, dass die Wahrscheinlichkeit, dass die Flusseffizienz beeinträchtigt wird, zunimmt, je mehr man sich auf die Ressourceneffizienz konzentriert.

Ein weiteres Problem, das bei einem zu starken Fokus auf Ressourceneffizienz auftritt, ist, dass hierdurch verschiedene Probleme entstehen können, die ihrerseits zu *Mehrarbeit* führen. Mehrarbeit kann in manchen Fällen einen relativ großen Anteil des gesamten Arbeitsaufkommens innerhalb einer Organisation ausmachen. Selbst wenn eine bestimmte Ressource über eine hohe Ressourceneffizienz verfügt, ist damit nicht gesagt, dass die Arbeit, die die Ressource ausführt, auch einen Wert zuführt. Wir nennen dies das *Effizienzparadox*.

KAPITEL 4

Das Effizienzparadox

Viele Organisationen legen ihren Fokus mehr auf Ressourceneffizienz als auf Flusseffizienz. Das optimale Ausnutzen von Ressourcen gilt als erstrebenswert und wird nicht selten zum wichtigsten Ziel. Mit dieser Sichtweise gäbe es bei optimal funktionierenden Organisationen im besten Fall niemals freie Kapazitäten, da die Ressourcen immer vollständig ausgelastet wären. Unabhängig davon, wie erstrebenswert dies aus betrieblicher Sicht auch sein mag – für den Kunden bringt dies Probleme mit sich. Nachfolgend beleuchten wir die negativen Effekte, die durch einen zu starken Fokus auf Ressourceneffizienz entstehen. Diese negativen Effekte schaffen ihrerseits Bedarfe, die zusätzliche Ressourcen, Mehrarbeit und Einsätze erfordern, die in einer flusseffizienten Organisation nicht erforderlich wären. Das Paradox besteht darin, dass ein stärkeres Fokussieren auf das effiziente Ausnutzen von Ressourcen häufig dazu führt, dass die Arbeitsmenge zunimmt. In diesem Kapitel erklären wir dieses Effizienzparadox, indem wir drei *Ursachen für Ineffizienz* näher betrachten.

Die erste Ursache für Ineffizienz: lange Durchlaufzeiten

Organisationen, die in hohem Maß auf Ressourceneffizienz bauen, nehmen eine Reihe negativer Effekte in Kauf. Effekte, die nicht nur aus Sicht des Kunden negativ sind, sondern auch aus der des Unternehmens und der Mitarbeiter. Diese negativen Effekte lassen sich auf drei Ursachen für Ineffizienz zurückführen. Die erste Ursache bezieht sich darauf, wie Menschen mit *langen Wartezeiten umgehen*, was wir im folgenden Beispiel verdeutlichen.

Sabines Wartezeit generiert neue Bedarfe
Im einleitenden Kapitel des Buches musste Sabine 42 Tage warten, bis sie ihren Befund erhielt. In dieser Zeit nahmen Unruhe und Anspannung stetig zu, was schließlich dazu führte, dass sie sich bei ihrem Arbeitgeber krank melden musste. Wir gehen davon aus, dass ihr Chef dadurch gezwungen war, eine Vertretung einzustellen. Da die Vertretung vermutlich nicht über Sabines Erfahrung verfügte und nicht eingearbeitet war, können wir davon ausgehen, dass sie oder er eine Art Schulung absolvieren musste. Trotz Schulung ist es schwer vorstellbar, dass die Vertretung während der kurzen Vertretungszeit genauso produktiv war wie Sabine. Zudem ist es gut möglich, dass die Vertretung Fragen von Kunden nicht sachkundig beantworten konnte. Demnach würde das Fehlen von Sabine auch negative Auswirkungen auf das gesamte Unternehmen nach sich ziehen.

Wenn ein Bedarf nicht erkannt oder erfüllt wird, entstehen neue Bedarfe, die ihrerseits wieder neue Bedarfe schaffen, usw. Mit anderen Worten: Es kommt zu einer Kettenreaktion. Sehen wir uns diese Ursache-Wirkungskette einmal etwas genauer an.

Sabines Bedarf bestand darin, eine Diagnose zu erhalten. Da dies der eigentliche Grund war, warum sie Kontakt mit dem Gesundheitssystem aufnahm und den Prozess in Gang setzte, nennen wir das den *primären Bedarf.* Während der langen Wartezeit bis zum Befund entwickelte Sabine neue, *sekundäre Bedarfe.* Ihre Krankschreibung generierte zudem einen weiteren sekundären Bedarf: den Bedarf ihres Arbeitgebers, eine Vertretung einzustellen und zu schulen. Wenn diese Vertretung nun trotz Einarbeitung Fehler macht, kann dies zu unzufriedenen Kunden führen, wodurch wiederum weitere sekundäre Bedarfe entstehen. In diesem Fall der Bedarf, einen unzufriedenen Kunden zurückzugewinnen. Das Scheitern, Sabines primären Bedarf zu erfüllen, führte zu einer Ursache-Wirkungskette, die ihrerseits eine Reihe sekundärer Bedarfe generierte – Bedarfe, die zu Anfang gar nicht existierten. Diese Ursache-Wirkungskette wird im folgenden Beispiel illustriert.

Wartezeiten können dazu führen, dass Möglichkeiten verpasst werden

Stellen Sie sich eine Organisation vor, deren Mitarbeiter ausschließlich damit beschäftigt sind, laufende Projekte bis zum Jahresende fertigzustellen. Aufgrund des dadurch herrschenden Zeitdrucks kommen mehrere Personen zu spät zu einem Meeting, auf dem der Veranstaltungsort für die Winterkonferenz des nächsten Jahres entschieden werden soll. Das Warten auf die verspäteten Teilnehmer führt dazu, dass das Meeting erst 15 Minuten später beginnen kann. Gegen Ende des Meetings zeigt sich, dass wichtige Informationen über potenzielle Veranstaltungsorte nicht vorliegen. Die Zeit reicht nicht, um die entsprechenden Informationen zusammenzustellen, daher muss ein neues Meeting geplant werden. Die Teilnehmer zücken ihre Kalender und einigen sich nach fünf Minuten Diskussion auf ein neues Datum in zwei Wochen. Bei diesem Meeting liegen alle notwendigen

Informationen vor, so dass jetzt ein geeigneter Ort für die Winterkonferenz bestimmt werden kann.

Als der Projektleiter eine E-Mail an das ausgewählte Konferenzhotel schickt, um sich die Buchung bestätigen zu lassen, erhält er folgende Antwort: „Da wir mehr als zwei Wochen nichts von Ihnen gehört haben, ist unser Konferenzraum an dem von Ihnen gewünschten Termin leider nicht mehr verfügbar.“ Jetzt muss ein weiteres Meeting organisiert werden, um zu diskutieren, ob der Konferenztermin geändert oder nach einem neuen Konferenzhotel gesucht werden soll.

Der primäre Bedarf in diesem Beispiel bestand darin, eine Entscheidung über einen geeigneten Ort für die Winterkonferenz zu fällen. Da mehrere Teilnehmer zum ersten Meeting zu spät kamen, und daher nicht genug Zeit blieb, um die erforderliche Information zusammenzutragen, musste die Entscheidung verschoben werden. Hierdurch entstanden sekundäre Bedarfe. Die Verspätung führte dazu, dass ein Datum für ein neues Meeting gefunden werden musste. Da sich zeigte, dass aufgrund der Umstände das Problem auch beim zweiten Meeting nicht gelöst werden konnte, entstand der Bedarf für ein weiteres Meeting. Genau wie in Sabines Fall entstand eine Kette aus Ursache-Wirkungseffekten.

Lange Durchlaufzeiten generieren sekundäre Bedarfe

Wenn etwas lange dauert, zieht dies negative Effekte nach sich. Sowohl in Sabines Fall als auch im Beispiel mit der Auswahl eines Konferenzhotels war die Zeit das zugrunde liegende Problem. Die Beispiele zeigen mit anderen Worten die negativen Effekte einer langen Durchlaufzeit. Eine lange Durchlaufzeit ist eine Konsequenz eines allzu starken Fokussierens auf Ressourceneffizienz, mit der wir uns in Kapitel 3 auseinandergesetzt haben.

Das zentrale Problem ist in beiden Beispielen, dass die langen Durchlaufzeiten – die dazu führen, dass die primären Bedarfe nicht rechtzeitig erfüllt werden – gänzlich neue sekundäre Bedarfe generieren können, die anfangs gar nicht existierten. Es ist wie bei einem Dominospiel: Der erste Stein bringt den zweiten Stein zum Kippen, der dann den dritten Stein zum Kippen bringt, usw. Metaphorisch könnte man sagen, dass die lange Durchlaufzeit der Anlass dafür ist, dass der erste Stein umkippt. Die Abbildung unten illustriert den Dominoeffekt, der durch Sabines lange Wartezeit ausgelöst wird.

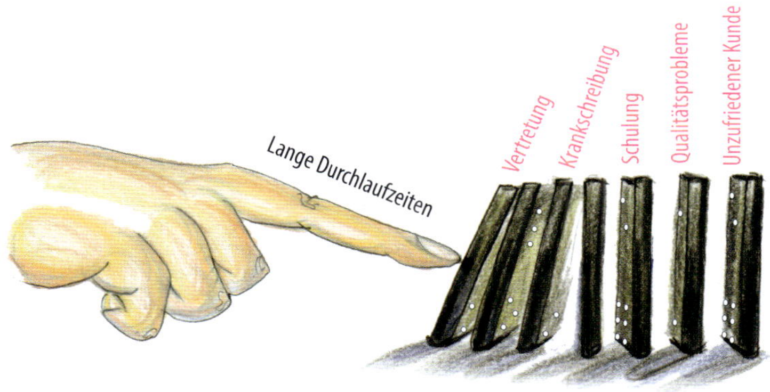

Unsere unzureichende Fähigkeit, mit lange Durchlaufzeiten umzugehen, ist die erste Ursache für Ineffizienz, die zu zahlreichen neuen Problemen führt. Sie generiert Wartezeiten, die uns dadurch negativ beeinflussen, dass wir die Geduld verlieren, Angst bekommen oder frustriert werden. Wir verlieren unsere Antriebskraft und unsere Inspiration. Wir werden fahrig und vergesslich oder hören ganz einfach auf, uns zu engagieren. Wenn dies geschieht, werden die negativen Effekte zu Herausforderungen und Problemen, denen sich Organisationen stellen müssen, was wiederum neue Ressourcen und neue Aktivitäten nach sich zieht.

Die zweite Ursache für Ineffizienz: viele Flusseinheiten

Die zweite Ursache für Ineffizienz, die in Organisationen auftritt, die auf Ressourceneffizienz fokussieren, bezieht sich auf die Notwendigkeit, viele *Dinge gleichzeitig tun zu müssen*. Sie hängt eng mit der ersten Ursache für Ineffizienz zusammen. Je länger wir mit dem Beantworten unserer E-Mails warten, desto voller wird das Postfach. Je länger wir damit warten, die Reisekostenabrechnung zu machen, desto mehr Quittungen müssen wir zum Schluss sortieren und abheften. Nachfolgend erklären wir einige der negativen Effekte, die entstehen können, wenn wir zu viele Dinge gleichzeitig tun. Wir möchten hier betonen, dass das eigentliche Problem auch hier in der Entstehung sekundärer Bedarfe liegt.

Lagerhaltung erfordert zusätzliche Ressourcen
Ein Produktionsunternehmen mit geringer Flusseffizienz stellt schon bald einen erhöhten Lagerhaltungsbedarf fest, der eine Reihe sekundärer Bedarfe nach sich zieht. Erstens ist zusätzliche Lagerfläche erforderlich, die abgesehen davon, dass sie teuer ist, auch Nebenkosten für die Beheizung, die Verwaltung, die Bewachung etc. generiert. Zweitens ist es schwierig, sich einen guten Überblick zu verschaffen, wenn eine Produktionshalle über mehrere Lager verfügt. Drittens können große Lagerflächen und eine hohe Anzahl von unfertigen Produkten dazu führen, Probleme zu verschleiern. Nehmen wir an, dass in einem Prozessschritt Komponenten mit Qualitätsmängeln produziert werden. Wenn der Prozess so aufgebaut ist, dass viele Komponenten gleichzeitig produziert werden, kann es schwierig sein, das Qualitätsproblem zu entdecken und zu beheben. Bei umfassender Lagerhaltung können folglich sekundäre Bedarfe entstehen. Wichtig ist

in diesem Zusammenhang, dass die sekundären Bedarfe bei einer Reduktion der Lagerhaltung erst gar nicht entstehen würden. Die negativen Effekte der Lagerhaltung werden in der Abbildung unten gezeigt. Die Abbildung verdeutlicht, dass in einer Organisation mit großen Lagerflächen Mehrarbeit entsteht.

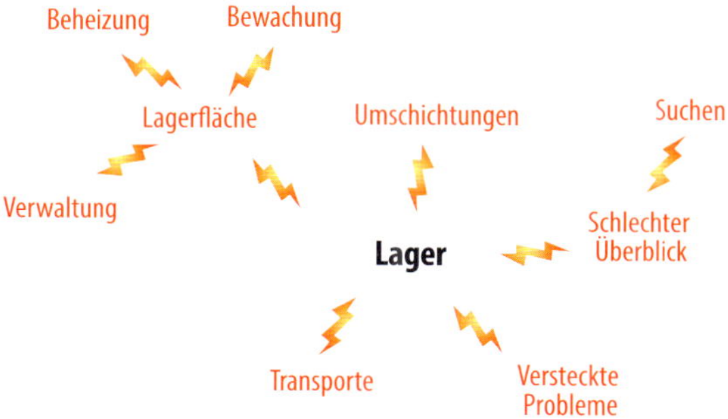

Zu viele E-Mails schaffen Stress

Auch wenn die Erfindung der E-Mail fantastisch ist, stellt sich doch auch manchmal ein Gefühl der Machtlosigkeit ein, wenn 200 ungelesene E-Mails darauf warten, bearbeitet zu werden. Wo soll man anfangen? Der primäre Bedarf ist das Beantworten wichtiger E-Mails. Aber da so viele E-Mails vorliegen, entsteht ein sekundärer Bedarf: der Bedarf, die E-Mails zu sortieren. Eine mögliche Strategie wäre beispielsweise, die E-Mails nach Datum zu sortieren. Eine andere Strategie wäre, die E-Mails nach Relevanz zu gruppieren. Man könnte auch nach allen mit Fähnchen gekennzeichneten E-Mails suchen oder die E-Mails aussortieren, die nur in Kopie an einen verschickt wurden.

Unabhängig davon, für welche Strategie man sich entscheidet: das Sortieren, Strukturieren und Suchen dient dazu, einen sekundären Bedarf zu erfüllen: den Bedarf, eine große Anzahl von E-Mails zu bearbeiten. Der primäre Bedarf ist das Lesen, das Beantworten und eventuell das Archivieren wichtiger Mails. Die große Anzahl an E-Mails erfordert jedoch eine Reihe zusätzlicher Schritte, damit man sich zunächst einen Überblick verschaffen kann. Abgesehen davon, dass hierdurch unnötige Extraarbeit entsteht, stellt dies auch einen Stressfaktor dar.

Zu viele Bälle in der Luft führen zu einem schlechteren Überblick
Wenn die Anforderungen, viele Dinge gleichzeitig tun zu müssen, wachsen, generieren Menschen neue sekundäre Bedarfe. Wenn z. B. die Mitarbeiter eines Dienstleistungsunternehmens gezwungen sind, eine große Anzahl von Kunden gleichzeitig zu betreuen, ist die Gefahr groß, dass sich die einzelnen Kunden zu wenig beachtet fühlen. Es kann für ein Restaurant problematisch sein, auf jeden einzelnen Gast einzugehen, wenn 30 hungrige Kunden darauf warten, einen Tisch zugewiesen zu bekommen. Das Personal verliert den Überblick und der Service ist nicht so persönlich, wie er sein sollte. Wie oft ist es nicht schon passiert, dass man vom Personal eines Dienstleistungsunternehmens schlichtweg ignoriert wurde? Je mehr Kunden Teil eines Prozesses sind, desto schwieriger wird es, dem einzelnen Kunden einen persönlichen, zuvorkommenden Service zu bieten. Um enttäuschte, frustrierte Kunden wieder versöhnlich zu stimmen, sind zusätzliche Ressourcen erforderlich. Es ist leichter, mit drei als mit dreißig Bällen zu jonglieren.

Im Dienstleistungsbereich wird der Einfluss des Faktors Mensch besonders deutlich, wenn viele Dinge gleichzeitig erledigt werden müssen. Die enorme Entwicklung innerhalb der Informationstechnologie hat dazu geführt, dass das Speichern von Informationen günstig geworden ist. Das Speichern von Informationen führt jedoch häufig zu einem schlechteren Überblick, vor allem, wenn der Stapel der zu erledigenden

Arbeitsaufgaben wächst. Es heißt, dass das menschliche Gehirn in der Lage ist, sich fünf bis neun Dinge gleichzeitig zu merken. Danach beginnen wir, zu vergessen und Fehler zu machen.

Die Handhabung vieler Flusseinheiten generiert sekundäre Bedarfe

Unsere mangelnde Fähigkeit, mehrere Dinge gleichzeitig zu tun, ist die zweite Ursache für Ineffizienz, die viele Probleme schafft. Unabhängig davon, ob es sich um Lagerhaltung, E-Mails, Anträge oder Arbeitsaufgaben handelt, zeigt das oben genannte Beispiel, dass der Umgang mit zu vielen Dingen zur gleichen Zeit zu sekundären Bedarfen führt. Der Bedarf, viele Dinge gleichzeitig zu tun, entsteht durch das starke Fokussieren auf Ressourceneffizienz.

In Kapitel 3 haben wir gezeigt, dass die Anzahl der Flusseinheiten im Prozess ansteigt, wenn der Fokus auf Ressourceneffizienz liegt. Die Anzahl der Flusseinheiten steigt an, unabhängig davon, ob es sich bei den Flusseinheiten um Kunden, Projekte, Arbeitsaufgaben, Produkte oder Material handelt. Es liegt nämlich in der Natur einer ressourceneffizienten Organisation, sicherzustellen, dass kein Arbeitsmangel besteht. Dies führt dazu, dass die Anzahl der parallel zu bearbeitenden Flusseinheiten ansteigt.

Wenn eine Organisation oder eine Person gezwungen wird, viele Flusseinheiten gleichzeitig zu bearbeiten, zieht dies zahlreiche negative Effekte nach sich. Wir verlieren die Kontrolle, was Frustration und Stress generiert. Wir bekommen Schwierigkeiten, den Überblick zu behalten und laufen so Gefahr, bei aktuellen Arbeitsaufgaben Probleme zu übersehen. Eine Organisation, die viele Flusseinheiten gleichzeitig bearbeitet, muss einerseits in zusätzliche Ressourcen investieren und andererseits Strukturen und Abläufe entwickeln, um die große Anzahl handhaben zu können. Dies sind die Gründe für die sekundären Bedarfe, die nur deshalb entstehen, weil eine Organisation eine große Anzahl an Flusseinheiten bearbeiten muss.

Die dritte Ursache für Ineffizienz: viele Neustarts pro Flusseinheit

Die dritte Ursache für Ineffizienz, die in ressourceneffizienten Organisationen auftritt, hängt mit der menschlichen Fähigkeit bzw. Unfähigkeit zusammen, *eine große Anzahl Neustarts durchzuführen*. Das nachfolgende Beispiel zeigt, warum Neustarts einzelne Personen und ganze Organisationen negativ beeinflussen.

Dieselbe Arbeitsaufgabe mehrmals beginnen zu müssen, generiert eine mentale Rüstzeit

Neustarts entstehen, wenn jemand gezwungen wird, mehr als einmal mit derselben Arbeitsaufgabe zu beginnen. Dies ist z. B. der Fall, wenn Ihr Postfach überquillt. Die Wahrscheinlichkeit ist hoch, dass Sie wichtige E-Mails mehrfach lesen müssen. Einige Anfragen sind einfach zu komplex, als dass sie direkt erledigt werden können. Also lesen und archivieren Sie die entsprechenden E-Mails und nehmen sie sich zu einem späteren Zeitpunkt erneut vor. Manchmal reicht es jedoch nicht, die E-Mails nur noch einmal zu lesen: Sie sind gezwungen, Informationen zu überprüfen oder genauer zu analysieren.

Wenn der Stapel wächst und darauf wartet, abgearbeitet zu werden, verliert man schnell den Überblick. All die Zeit und Energie, die wir zum Kategorisieren und Strukturieren unserer Arbeit verwenden, führt zu Verspätungen. Die Verspätungen und die unterschiedlichen Aktivitäten (Suche, Erkennung, Kategorisierung, Strukturierung, etc.) bedeuten, dass wir immer wieder zur selben Information zurückkehren müssen.

Wie anstrengend das erneute Aufnehmen einer bereits begonnen Arbeit ist, hängt von den mentalen Rüstzeiten ab. Wir brauchen Ruhe, um uns auf eine Sache zu konzentrieren und es stellt eine mentale Herausforderung dar, wenn wir mehrere Aufgaben gleichzeitig erledigen sollen. Besonders anstrengend wird es, wenn wir gezwungen sind, ständig den Fokus von einer Sache auf eine andere zu verschieben. Je weniger Aufgaben wir zu einem bestimmten Zeitpunkt ausführen, desto einfacher ist es, sich zu konzentrieren. Je häufiger wir gezwungen werden, uns einer neuen Aufgabe anzunehmen, desto länger wird die mentale Rüstzeit im Verhältnis zur Gesamtzeit.

Die Begrenzungen des menschlichen Gehirns führen also dazu, dass eine Menge sekundärer Bedarfe generiert werden, wenn viele Neustarts erforderlich sind. Bedarfe, die erst gar nicht entstanden wären, wenn die eigentliche Aufgabe sofort von Anfang bis Ende durchgeführt worden wäre.

Eine große Anzahl von Übergabepunkten generiert Frustration

Neustarts entstehen auch dann, wenn mehrere Personen dieselbe Aufgabe von neuem beginnen, wie im folgenden Beispiel verdeutlicht wird. Nehmen wir an, Ihr neues Handy funktioniert nicht richtig. Als Sie Ihren Provider anrufen, werden Sie von einer Computerstimme begrüßt. Die Stimme nennt Ihnen eine Reihe von Alternativen, aber bei all den Möglichkeiten, die aufgezählt werden, ist Ihr Problem nicht dabei. Also drücken Sie einfach auf eine der Tasten. Es folgen weitere Alternativen. Sie drücken erneut auf irgendeine Taste und landen zum Schluss in einer Warteschlange, an deren Ende Sie mit einem Mitarbeiter verbunden werden sollen.

Die Computerstimme wiederholt in regelmäßigen Abständen: „Vielen Dank für Ihre Geduld, wir tun alles, um Ihnen so schnell wie möglich helfen zu können." Wie lange Sie warten müssen, erfahren Sie jedoch nicht. Nach den gefühlt längsten zehn Minuten Ihres Lebens meldet sich am anderen Ende der Leitung endlich eine Person aus Fleisch und Blut. Der Mitarbeiter kann Ihnen jedoch leider nicht helfen, sondern ist gezwungen, Sie an einen Kollegen weiterzuleiten. Zum Glück müssen Sie diesmal nicht wieder so lange warten.

Nachdem Sie dem neuen Mitarbeiter Ihr Problem geschildert haben, erfahren Sie zu Ihrem Verdruss, dass auch dieser Ihnen nicht helfen kann. Als Sie zum Schluss mit einer dritten Person verbunden werden, hat Ihr Unmut mittlerweile so zugenommen, dass Sie es sich nicht verkneifen können, Ihrer Verärgerung Luft zu machen, was die unschuldige Person am anderen Ende ausbaden muss.

Das Beispiel verdeutlicht den Typ von Neustart, auch Übergabe genannt, der entsteht, wenn ein Kunde unterschiedliche Schritte eines Prozesses durchläuft. Ihr Anruf wurde zwischen verschiedenen Mitarbeitern hin und her geschaltet und es waren drei Anläufe erforderlich, bis Sie einen Mitarbeiter an der Leitung hatten, der Ihnen tatsächlich weiterhelfen konnte. Das gleiche Problem immer wieder aufs Neue erklären zu müssen, führte dazu, dass Sie immer ärgerlicher wurden.

Die Anzahl der Übergabepunkte hängt teilweise davon ab, wie ein Prozess aufgebaut ist. Prozesse, bei denen alle erforderlichen Aufgaben am selben Ort von derselben Person oder Maschine ausgeführt werden können, kommen nur äußerst selten vor. In einem „normalen" Prozess muss jede Flusseinheit meist eine Reihe von Stationen und Ressourcen durchlaufen.

Eine große Anzahl von Übergabepunkten generiert Qualitätsprobleme

Ein weiteres Risiko bei Übergaben ist, dass es zu einem „Stille-Post-Effekt" kommt. Mit jeder zusätzlichen Übergabe werden die übergebenen Informationen weiter verzerrt. Außerdem kann es leicht passieren, dass der Übergeber denkt: „Ich habe meinen Teil des Auftrags erledigt. Jetzt kann der Nächste übernehmen". Dies führt dazu, dass keiner die Gesamtverantwortung übernimmt, was wiederum zu Problemen mit *Suboptimierung führt*: Für die Probleme ist immer ein anderer verantwortlich, keines der Probleme ist mein eigenes. Sekundäre Bedarfe werden häufig im Moment der eigentlichen Übergabe geschaffen, d. h. an der Grenze zwischen zwei Prozessschritten.

Eine große Anzahl an Neustarts generiert sekundäre Bedarfe

Unsere Unfähigkeit, eine große Anzahl Neustarts zu handhaben, ist die dritte und letzte Ursache für Ineffizienz, die zu zahlreichen Problemen führt. Unabhängig davon, ob es sich um einen einzelnen Mitarbeiter handelt, der einen Arbeitsschritt mehrfach wiederholen muss, oder ob die Arbeit zwischen unterschiedlichen Prozessschritten innerhalb einer Organisation hin- und hergeschoben wird – die Beispiele zeigen, wie Neustarts neue sekundäre Bedarfe schaffen können.

Das Problem, das mit Neustarts einher geht, basiert auf folgenden Konsequenzen, die sich durch einen zu starken Fokus auf Ressourceneffizienz ergeben: eine zu lange Durchlaufzeit und eine zu große Anzahl von Flusseinheiten. In einer ressourceneffizienten Organisation sind die Abläufe zeitintensiv und es müssen viele Aufgaben gleichzeitig erledigt werden. Diese beiden Faktoren führen dazu, dass sich die Anzahl von Neustarts erhöht.

Da alle Neustarts dazu führen, dass die Bearbeitung der Flusseinheiten unterbrochen wird, entsteht hierdurch eine Reihe sekundärer Bedarfe. Wir haben Gedächtnislücken, was dazu führt, dass wir von vorne anfangen müssen. Unsere mentalen Rüstzeiten nehmen zu, was uns ineffizient macht. Es besteht die Gefahr, dass Informationen verloren gehen, was zu Fehlern führt. Übergaben werden nicht korrekt durchgeführt, was Probleme mit Mehrarbeit nach sich zieht.

Sekundäre Bedarfe führen zu Mehrarbeit

Ein Kunde wendet sich an eine Organisation, um einen primären Bedarf erfüllt zu bekommen. Der primäre Bedarf ist der Bedarf, den der Kunde beim ersten Kontakt mit der Organisation hat. Der Abschnitt oben zeigt, dass es drei Ursachen für Ineffizienz gibt, die eine Reihe von Problemen nach sich ziehen, wenn Organisationen einen zu starken Fokus auf Ressourceneffizienz legen. Diese Probleme generieren ihrerseits sekundäre Bedarfe, mit denen sich die Organisation befassen muss. Sekundäre Bedarfe entstehen als Folge davon, dass es Organisationen nicht gelingt, den primären Bedarf zu erfüllen.

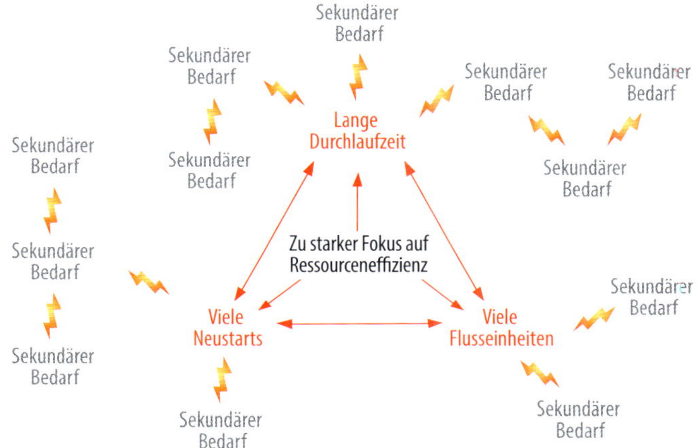

Sekundäre Bedarfe können häufig weitere sekundäre Bedarfe nach sich ziehen, mit anderen Worten kommt es zu einer Kettenreaktion. Dies wird in der Abbildung oben illustriert. Die durch den Dominoeffekt entstehenden sekundären Bedarfe können Organisationen beeinträchtigen. Sekundäre Bedarfe erfordern Ressourcen, unabhängig davon, ob ein Kundenwert generiert wird oder nicht.

Warum entstehen sekundäre Bedarfe? In erster Linie führt ein allzu starker Fokus auf Ressourceneffizienz zu einer geringen Flusseffizienz. Dies generiert wiederum effiziente Inseln, in denen das Erfüllen der Bedarfe des Kunden in zahlreiche kleine Schritte unterteilt wird, die von unterschiedlichen Mitarbeitern oder Abteilungen einer Organisation ausgeführt werden. Keiner hat mehr den Überblick über den gesamten Prozess, jede Insel arbeitet nur mit ihrem Teil.

In solchen Situationen passiert es leicht, dass man eine Organisation schafft, bei der jeder Teil suboptimiert ist. Selbst wenn die Teile in sich effizient sind, reduziert sich die Flusseffizienz des gesamten Prozesses und es besteht die Gefahr, dass eine große Anzahl von sekundären Bedarfen entsteht.

Sekundäre Bedarfe sind schädlich, da sie Mehrarbeit generieren, d. h. Arbeit, die ausschließlich dazu dient, sekundäre Bedarfe zu erfüllen. Mehrarbeit ist eine gehobene Form von Verschwendung, da wir uns häufig nicht einmal darüber bewusst sind, dass wir es mit Verschwendung zu tun haben. Wir glauben, dass wir einen Wert zuführen, dies ist jedoch leider nicht der Fall. Aber wir müssen uns dem Bedarf annehmen.

Als die gestresste Krankenschwester Sabines Anruf entgegennimmt, in dem diese wissen möchte, wie lange sie noch auf den Befund warten muss, glaubt sie, dass sie durch die Beantwortung der Frage einen Wert zuführt. Hätte Sabine jedoch ihren Befund früher erhalten, hätte sie gar nicht erst anrufen müssen und die Krankenschwester hätte stattdessen ihre Zeit darauf verwenden können, sich um wartende Patienten zu kümmern. Sabines Wartezeit führt also zu Mehrarbeit für das Gesundheitssystem.

Das Bearbeiten von Quittungen: die Kunst, besonders ineffizient zu sein

Wir, die Autoren dieses Buchs, haben ein besseres Verständnis für die Bedeutung von Mehrarbeit erlangt, indem wir uns Gedanken über unsere eigenen Gewohnheiten machten. Keiner von uns ist besonders motiviert, den Papierkram zu erledigen, der in einem normalen Arbeitsmonat anfällt: Taxiquittungen, die aufbewahrt werden müssen, um die Reisekosten ersetzt zu bekommen; Kreditkartenbelege, die mit der monatlichen Kreditkartenrechnung abgestimmt werden müssen; andere private und geschäftliche Rechnungen und Quittungen, etc.

In unregelmäßigen Abständen leeren wir mehrmals monatlich den Inhalt unserer Taschen und Brieftaschen in eine Quittungskiste. Da wir beide viel zu tun haben (wir versuchen, unsere Kapazität optimal zu nutzen), schieben wir das Bearbeiten der Quittungen die ganze Zeit vor uns her. Wir warten, bis die Kiste so voll ist, dass wir anfangen, unruhig zu werden: Haben wir wirklich alle Rechnungen bezahlt? Was passiert, wenn eine wichtige Quittung verschwunden ist? Was passiert mit dem Geld, das wir ausgelegt und bislang noch nicht wieder zurückgefordert haben?

Wir graben in der Kiste und versuchen Ordnung zu schaffen. Die Kiste ist jedoch mittlerweile so voll, dass es schwierig ist, etwas zu finden. Doch als Forscher im Bereich Operations Managements versuchen wir, ein System zu schaffen, das einen besseren Überblick gewährleistet. Wir kaufen Etiketten und Kisten in unterschiedlichen Farben (was ironischerweise weitere Quittungen generiert). Jetzt sind wir bereit, die unterschiedlichen Maßnahmen durchzuführen, die erforderlich sind, um unsere Quittungen zu ordnen. Als Erstes sortieren wir sie nach Datum. Danach sortieren wir sämtliche Quittungen eines Tages nach Kreditkarte. Ist dies erledigt, können wir die einzelnen Quittungen abheften.

Leider können wir uns häufig nicht mehr erinnern, in welchem Zusammenhang wir die Quittungen erhalten haben. Das bedeutet, dass wir in unserem Kalender nachschauen müssen, um nachzuvollziehen, von welchem Meeting, Geschäftsessen oder Einkauf wir die vor uns liegende Quittung stammt. Als vierten und letzten Schritt dokumentieren wir unsere Quittungen und heften sie in einem

Ordner ab. Wir sind mit dem System, das wir geschaffen und dem Wert, den wir zugeführt haben, hochzufrieden.

Aber ist die Arbeit, die wir ausführen mussten, um Ordnung in unsere Buchführung zu bringen, wirklich wertschöpfend? Nein, leider nicht. Die ersten drei Handlungen sind Mehrarbeit. Beim Ausführen unserer Arbeitsaufgaben haben wir das Gefühl, einen wirklichen Wert zuzuführen. Wir müssen unsere Quittungen sortieren, ob wir wollen oder nicht. Der Grund für die Mehrarbeit liegt jedoch in einem Bedarf, der entstanden ist, weil wir beim Erfüllen des primären Bedarfs (dem Abheften der Quittungen) versagt haben. Tatsache ist, dass der eigentliche Grund für Mehrarbeit genau das ist: Versagen.

Warum ist das so? Nun, erstens ist die Durchlaufzeit für jede einzelne Quittung lang. Ab dem Augenblick, an dem wir die Quittung erhalten, bis zu dem Zeitpunkt, an dem wir sie bearbeiten, wird überhaupt kein Wert zugeführt. Das Einzige, was wir tun, ist, die Quittungen in eine Kiste zu legen. Das bedeutet, dass manche Quittungen über einen Monat liegen bleiben, bis sie bearbeitet werden. In der Zeit haben wir bereits vergessen, in welchem Zusammenhang wir die Quittung erhalten haben.

Zweitens haben wir uns, da wir die Quittungskiste so selten leeren, in eine Situation versetzt, in der wir gezwungen sind, eine große Menge Quittungen auf einmal zu bearbeiten. Um uns einen Überblick zu verschaffen, müssen wir die Quittungen strukturieren und sortieren. Außerdem mussten wir in physische Ressourcen (Kisten und Etiketten) investieren, um ein funktionierendes System zu schaffen.

Drittens waren für jede Quittung mindestens vier Neustarts erforderlich, da wir gezwungen waren, jede Quittung mindestens 4-mal in die Hand zu nehmen.

- Strukturieren → Welches Datum?
- Sortieren → Welcher Typ?
- Suchen → Bei welcher Gelegenheit haben wir die Quittung erhalten?
- Archivieren und Dokumentieren

Mehrere der Arbeitsschritte, die in Zusammenhang mit dem Strukturieren, Sortieren, Suchen und Archivieren anfallen, wären nicht notwendig gewesen, wenn wir bereits von Anfang an flusseffizient gehandelt hätten. Hätten wir die Quittung sofort abgelegt, als wir sie erhielten, hätten wir uns die Mehrarbeit sparen können. Aufgrund der geringen Anzahl hätten wir die Quittungen nicht strukturieren und sortieren müssen. Wir hätten keine Kisten in unterschiedlichen Farben zum Sortieren benötigt. Wir hätten dieselbe Quittung nicht mehrmals in die Hand nehmen müssen. Außerdem hätten wir uns die Zeit gespart, die wir dafür aufwenden mussten, um uns daran zu erinnern, wann und wo wir eine Quittung erhielten. All das sind Beispiele für Mehrarbeit. In der nachfolgenden Abbildung verdeutlichen wir den Zusammenhang zwischen Mehrarbeit und wertschöpfender Arbeit.

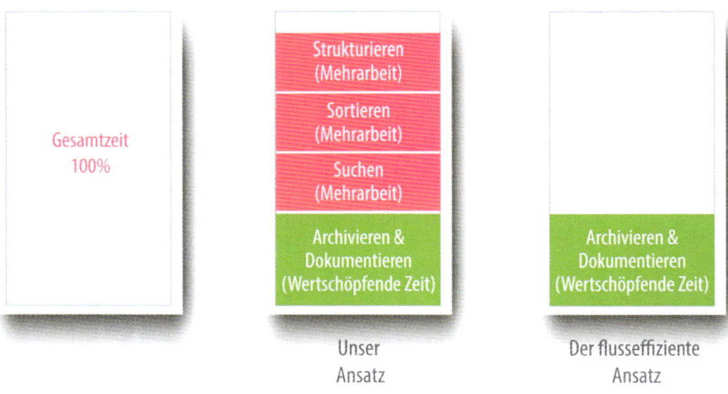

Es mag sich um ein schlichtes Beispiel handeln, mit dem sich aber gut verdeutlichen lässt, wie Organisationen funktionieren. Ein großer Teil der Arbeit, die innerhalb von Organisationen ausgeführt wird, ist Mehrarbeit. In der Abbildung oben wird gezeigt, dass nur ein kleiner Teil der gesamten Zeit, die wir zum Bearbeiten unserer Quittungen aufwenden, tatsächlich wertschöpfende Zeit ist. Dies ist auch in Organisationen der Fall. Beantworten Sie bitte die folgende Frage ehrlich:

> *Wie viel Zeit verwenden Sie während Ihres Arbeitstags darauf, sekundäre Bedarfe zu erfüllen? Mit anderen Worten, wie viel Ihrer gesamten Arbeitszeit wenden Sie für Mehrarbeit auf?*

Die Antwort ist, zumindest bei uns, „erschreckend viel".

„Aber so beschäftigt wie ich immer bin, muss ich ja wohl effizient sein", werden Sie vielleicht entgegnen. Die Frage ist, ob Sie wirklich Wert schaffen (der primäre Bedarfe erfüllt) oder ob Sie eher damit beschäftigt sind, sekundäre Bedarfe zu erfüllen.

Das Effizienzparadox

Mehrarbeit erklärt das Effizienzparadox. Ein zu starker Fokus auf Ressourceneffizienz beeinflusst die Flusseffizienz negativ, wie die Gesetze über den Ablauf von Prozessen bestätigen. Wird die Flusseffizienz beeinträchtigt, lassen die sekundären Bedarfe auch nicht lange auf sich warten. Aktivitäten, die zum Erfüllen dieser sekundären Bedarfe erforderlich sind, werden häufig als wertschöpfend erlebt. In diesem Zusammenhang darf man jedoch nicht vergessen, dass sie gar nicht notwendig gewesen wären, wenn der primäre Bedarf umgehend erfüllt worden wäre. Während wir glauben, dass wir unsere Ressourcen effizient nutzen, sind wir in Wirklichkeit ineffizient, da es sich bei einem Großteil dessen, was wir tun, um Mehrarbeit und nicht um wertschöpfende Aktivitäten handelt. Darin liegt das Paradox. Dies wird in der Abbildung unten illustriert.

Das Effizienzparadox existiert auf individueller Ebene, wie wir durch das Quittungsbeispiel verdeutlicht haben. Es existiert jedoch auch auf Organisationsebene, was vermutlich durch die Frage verdeutlicht wird, wie viel Zeit Sie während eines gewöhnlichen Arbeitstags für Mehrarbeit aufwenden. Aber was wäre, wenn das Paradox auch auf gesellschaftlicher Ebene existierte?

Kann es sein, dass ein Großteil der Arbeit, mit dem sich Organisationen beschäftigen, reine Verschwendung ist? Wir mögen glauben, dass wir effizient sind, wenn wir mit Tausenden von Arbeitsaufgaben jonglieren, während wir in Wirklichkeit jedoch vollauf damit beschäftigt sind, Ressourcen zu verschwenden. Was bedeutet das für die Art und Weise, wie wir Ressourcen auf gesellschaftlicher Ebene managen?

Die Lösung des Effizienzparadoxes

Das Effizienzparadox besagt, dass wir auf persönlicher, organisatorischer und mit größter Wahrscheinlichkeit auch auf gesellschaftlicher Ebene Ressourcen verschwenden. Dies macht die Frage, wie das Paradox gelöst werden kann, unumgänglich.

Beim Lösen des Paradoxes geht es vor allem darum, den Fokus auf die Flusseffizienz zu legen. Indem sich eine Organisation auf Flusseffizienz konzentriert, können viele der sekundären Bedarfe eliminiert werden, die als Konsequenz einer geringen Flusseffizienz entstehen. Jede Entscheidung, die die Durchlaufzeit, die Anzahl an Flusseinheiten und/oder die Anzahl an Neustarts reduziert, reduziert auch die Mehrarbeit. Paradoxerweise führt ein geringerer Fokus auf das Ausnutzen von Ressourcen dazu, dass wir enorme Ressourcen freisetzen können.

Bei der Flusseffizienz geht es im Grunde darum, dass Flusseinheiten schneller durch die Organisation fließen. In einer flusseffizienten Organisation besteht kein Bedarf an

Neustarts, da nur einige wenige Flusseinheiten gleichzeitig bearbeitet werden

Im Idealfall wird jede Flusseinheit so effizient wie möglich bearbeitet und keine Flusseinheit „steht still". Je nachdem, wie der Prozess strukturiert ist, durchläuft ein Teil der Flusseinheiten eventuell eine Reihe von Übergaben, aber diese erfolgen schnell und reibungslos. Es besteht ein kontinuierlicher Fluss, in dem alle alles sehen und alle die gemeinsame Verantwortung für den übergreifenden Prozess übernehmen.

Die flusseffiziente Organisation kann mit einem Staffellauf verglichen werden. Die 4x100-Meter-Staffel hat beim Training besonderes Gewicht auf reibungslose Übergaben gelegt. Alle vier Läufer wissen zu jeder Zeit, was passiert. Um zu verhindern, dass es bei der Übergabe des Stabs zu einem Verlust an Geschwindigkeit kommt, hat sich der zweite Läufer bereits in Bewegung gesetzt, als der erste Läufer das letzte Stück seiner Teilstrecke erreicht hat. Bei der Übergabe des Stabs laufen beide Läufer mit maximaler Geschwindigkeit – es wird keine Zeit verschwendet. Während des Finales der 4x100-Meter-Staffel bei den Olympischen Spielen 2012 in London übergab Yohan Blake den Stab an Usain Bolt und die jamaikanische Mannschaft lief eine Zeit von 36,84 Sekunden. Dies ist der neue Weltrekord bei der Staffel-Flusseffizienz!

In einer ressourceneffizienten Organisation sieht die Teamarbeit aber anders aus. Hier trägt der erste Läufer eine Menge Stäbe mit sich herum – je mehr Stäbe, desto besser. Als der erste Läufer nach seinen 100 Metern an der Übergabelinie ankommt, ist er allein auf weiter Flur. Er versucht, seinen Mannschaftskameraden per Telefon zu erreichen, dieser befindet sich jedoch gerade beruflich in Thailand. Nach weiteren drei bis vier Anrufen erreicht der erste Läufer endlich jemanden, der sich vorstellen kann, die zweite Runde zu laufen. Als die Stäbe an den dritten Läufer übergeben werden, sind zwei Stäbe verschwunden und einer wurde irgendwo am Rande der Strecke vergessen. Obwohl es offensichtlich ist, dass man mit solch einer Strategie keine Goldmedaille gewinnen kann, wird in vielen Organisationen genau nach diesem Prinzip gearbeitet.

Eine interessante Frage in diesem Zusammenhang ist, wie viele Ressourcen wir sparen würden, wenn wir damit anfingen, die Dinge in ihrer Gesamtheit zu sehen und uns auf gesellschaftlicher Ebene auf Flusseffizienz konzentrierten. Noch nie zuvor in der Geschichte der Menschheit war die Nachfrage nach Ressourcen (Nahrung, Energie, Wasser, etc.) so groß wie heute. Wie viel besser könnte unsere Gesellschaft unsere Naturressourcen managen, wenn wir Suboptimierung und „Inseldenken" eliminieren könnten?

Eine Strategie, um das Effizienzparadox zu lösen, ist ein Konzept, das als Lean bezeichnet wird. Lean bedeutet, dass der Fokus auf dem Fluss liegt und Organisationen geschaffen werden, die wie ein reibungsloser Staffellauf aufgebaut sind. Es geht darum, die Gesamtheit zu sehen, Inseldenken zu vermeiden und die Bedarfe des Kunden ins Zentrum zu stellen. Es hat sich gezeigt, dass Lean zum Eliminieren von Verschwendung und Mehrarbeit in zahlreichen Branchen äußerst effizient ist. Das Konzept ist jedoch nur unzureichend definiert und wird häufig missverstanden. Im zweiten Teil des Buches sehen wir uns den Begriff Lean näher an. Aber zuerst müssen wir wissen, wo Lean seinen Ursprung hat.

KAPITEL 5

Es war einmal... Wie Toyota durch Kundenfokus zur Nummer Eins wurde

Wie wir bereits gesehen haben, zieht ein zu starker Fokus auf Ressourceneffizienz mehrere negative Effekte nach sich. Indem wir den Fokus auf Flusseffizienz legen, können diese negativen Effekte überwunden werden. Ein Unternehmen, das systematisch auf Flusseffizienz setzte, ist die Toyota Motor Corporation. Diese Entscheidung legte den Grundstein für das, was wir Lean nennen. In diesem Kapitel führen wir Sie durch die Geschichte des Unternehmens und berichten, warum sich Toyota für Flusseffizienz entschied und wie sich dies auf die Entwicklung von Toyotas Produktionssystem auswirkte.

Die Geschichte der Toyota Motor Corporation

Kiichiro Toyoda gründete Toyota Motor Corporation 1937 mit dem Ziel, Automobile für den lokalen japanischen Markt zu bauen. Nach dem 2. Weltkrieg war Japan gezwungen, seine Industrie wieder aufzubauen. Toyota Motor Corporation schickte eine Gruppe von Mitarbeitern ins Ausland, u. a. in die USA, um zu erkunden, wie eine erfolgreiche Autoproduktion aufgebaut werden konnte. Hierbei entdeckten die Toyota Mitarbeiter zwei Dinge, die ihnen besonders zu denken gaben: Erstens umfassende Lagerhaltung und zweitens, dass viele Produkte am Ende der Produktionsstraße nachgebessert und repariert werden mussten – zwei Faktoren, die in starkem Gegensatz zur Sichtweise der Toyota Vertreter standen.

Kiichiros Vater, Sakichi Toyoda, hatte einige grundlegende Prinzipien entwickelt, die sich später als entscheidend für Toyotas Automobilproduktion erweisen würden. Sakichi hatte 1896 einen automatischen Webstuhl lanciert, dessen Funktion die Textilindustrie revolutionierte: die Produktion wurde automatisch gestoppt, sobald ein Faden riss. Dies ermöglichte es, das aufgetretene Problem unmittelbar zu erkennen, zu analysieren und zu beseitigen. Das Konzept erhielt später die Bezeichnung *jidoka*, was so viel wie „Automation mit menschlichem Touch" bedeutet. Die Maschinen entwickelten „menschliche Intelligenz" in dem Sinn, dass sie automatisch ein Problem erkennen konnten. Jidoka wurde zum Kern von Sakichhis Unternehmensphilosophie und später zu einem der Grundpfeiler von Toyota Produktionssystem.

Als Kiichiro die Toyota Motor Corporation gründete, legte er die Denkungsart seines Vaters aus der Textilindustrie zugrunde und setzte das „Finden des Fadens" im gesamten Produktionsprozess um. Dies führte zur Entwicklung des Just-in-Time-Prinzips, dem zweiten Grundpfeiler, auf dem Toyotas Produktionssystem basiert.

Bei Just-in-Time geht es darum, einen Produktionsfluss zu schaffen, bei dem Lagerhaltung eliminiert und nur das produziert wird, was zur Erfüllung der Kundenaufträge erforderlich ist. Jedes einzelne Produkt soll durch das Produktionssystem „fließen".

Toyota wird mit einer Wirtschaftskrise konfrontiert

Um zu verstehen, warum Toyota Flusseffizienz implmentierte, muss man die Probleme kennen, mit denen Japan direkt nach Ende des 2. Weltkriegs zu kämpfen hatte. Die Ressourcenknappheit, die zu dieser Zeit im Land herrschte, hatte einen enormen Einfluss auf die Entwicklung des Unternehmens. Toyota sah sich dem gegenüber, was Professor Takahiro Fujimoto von der Universität Tokio als „Mangelwirtschaft" bezeichnet. Folgende Ressourcen waren besonders knapp:

- *Land* – Japan ist ein kleines Land, in dem Grund und Boden eine knappe Ressource ist.
- *Technologie und Maschinen* – Japans industrielle Entwicklung hinkte der Entwicklung des Westens hinterher, vor allem der der USA.
- *Rohstoffe* – Es herrschte Eisen- und Stahlmangel aufgrund der hohen Transportkosten.
- *Finanzielle Ressourcen* – Japan befand sich in einer Krise, die sich über viele Jahre nach Kriegsende hinzog. Es gab keine finanziellen Institutionen, um die Expansion der Automobilindustrie zu finanzieren.

Angesichts dieser Ressourcenknappheit war Toyota gezwungen, eine neue Denkweise im Hinblick auf Effizienz zu entwickeln. Die Lösung bestand darin, den Schwerpunkt auf Flusseffizienz zu legen. Die Entwicklung von Toyotas Produktionssystem wurde von mehreren wichtigen Faktoren geprägt.

Die richtigen Dinge tun

Die erste Auswirkung der Ressourcenknappheit lag darin, dass die Wichtigkeit, „die richtigen Dinge zu tun" ins Zentrum rückte, d. h. man produzierte nur das, was zur Erfüllung der Kundenwünsche erforderlich war. Da Toyota Kapital fehlte, wurde großes Gewicht darauf gelegt, in die richtige Technologie und die richtigen Materialien zu investieren. Das Unternehmen hatte keinen Spielraum für Fehlinvestitionen und musste sicherstellen, dass sein Produktangebot genau dem Kundenbedarf entsprach. Daher implementierte Toyota die Built-to-order-Produktion: Es wurde nichts produziert, was nicht beauftragt worden war.

Toyota erkannte, dass es für eine funktionierende Auftragsfertigung entscheidend war, die Bedarfe und Wünsche der Kunden genau zu kennen. Die Kundenbedarfe wurden anhand von drei Fragen analysiert:

- *Was* (welches Produkt) möchte der Kunde?
- *Wann* möchte der Kunde das Produkt?
- *Welche Produktmenge* möchte der Kunde?

Bei der ersten Frage ging es darum, die Bedarfe und Wünsche potentieller Autokäufer zu ermitteln. Das Etablieren eines engen Kundenkontakts gab Toyota einen tiefen Einblick in das, was Kunden tatsächlich wollten, d. h. das Unternehmen konnte Fahrzeuge mit den gewünschten Design- und Funktionsmerkmalen entwickeln. Sobald die Entwicklung abgeschlossen war, traf Toyota die Entscheidung, in relativ einfache Maschinen mit geringerem Funktionalitätsgrad zu investieren. Die Maschinen produzierten genau das, was japanische Kunden wollten.

Um zu vermeiden, dass Fahrzeuge produziert wurden, für die es keinen Abnehmer gab, wurden „wann" und „wie viele" zu entscheidenden Faktoren in der Produktion. Toyota entwickelte ein so genanntes „Pull-System", d. h. dass ein Fahrzeug erst dann produziert wurde, wenn eine Kundenbestellung eingegangen war. Sobald ein Kunde ein Auto bestellte, wurde die relevante Auftragsinformation „stromaufwärts" durch den gesamten Produktionsfluss geleitet.

Die Informationen beantworteten die Fragen was, wann und wie viel ein Kunde bestellt hatte.

Das Entscheidende beim Pull-System war, dass Toyota den gesamten Produktionsprozess als einen kontinuierlichen Fluss unterschiedlicher Produktionsschritte sah. Jeder Schritt umfasste zwei Rollen: den internen Lieferanten und den internen Kunden (siehe Abbildung unten.

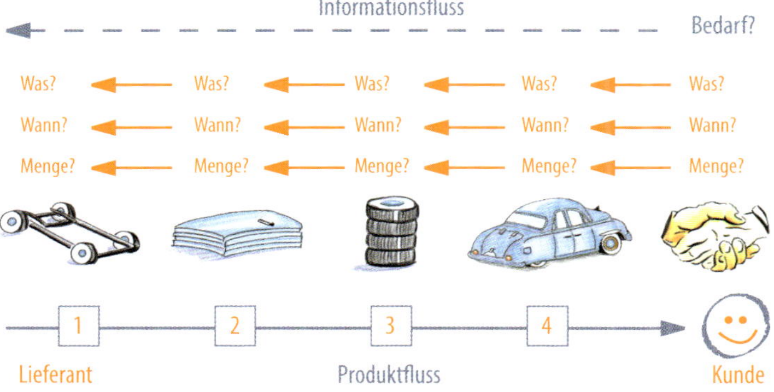

Die Abbildung zeigt eine vereinfachte Form des Produktionsprozesses, der aus vier Schritten besteht; wobei sich der vierte Schritt am nächsten beim Kunden liegt. In Schritt Vier werden der Auftrag des Kunden entgegengenommen und der Bedarf identifiziert: was, wann und wie viele. Danach wird der Kundenbedarf durch die folgenden Fragen weiter aufgeschlüsselt:

- *Was* (Materialien/Komponenten) benötige ich (Schritt 4), um die Bedarfe des externen Kunden zu erfüllen?
- *Wann* benötige ich (Schritt 4) diese (Materialien/Komponenten), um das Produkt zu produzieren und das fertige Produkt zum versprochenen Zeitpunkt an den externen Kunden zu liefern?
- *Welche Menge* (Materialien/Komponenten) benötige ich (Schritt 4), um das Produkt zu produzieren?

Gemäß der Aufschlüsselung in der Abbildung wird Schritt 4 zum internen Kunden von Schritt 3. Schritt 3 wiederum wird zum internen Kunden von Schritt 2, der wiederum zum internen Kunden von Schritt 1 wird. Auf diese Art werden die Bedarfe des externen Kunden aufgeschlüsselt und die Information, die den Auftrag betrifft, wird stromaufwärts durch den gesamten Produktionsprozess geleitet. Schritt 1 bestellt daraufhin die benötigten Materialien bei einem externen Lieferanten. Dann kann die Produktion beginnen, bei der jeder Prozessschritt sein Teil an den nächsten Schritt im Produktionsprozess liefert.

In diesem Beispiel werden nicht nur die Bedarfe der externen Kunden klar definiert und kommuniziert. Sämtliche Schritte des Produktionsprozesses müssen definieren und kommunizieren, was sie wann und in welcher Anzahl benötigen. Auf diese Art wird dem Produkt auf seinem Weg stromabwärts durch den Produktionsprozess kontinuierlich Wert zugeführt. Material wird durch den Produktionsprozess „gezogen“ (daher die Bezeichnung „Pull-System“), vom Einkauf bis zur Lieferung des fertigen Produkts. Das bedeutet, dass kein Lagerbestand entsteht. Jeder weiß, wann er was zu tun hat und wie viele Einheiten erforderlich sind.

Die Dinge richtig tun

Die zweite Konsequenz, die sich aus der Ressourcenknappheit ergab, war die Notwendigkeit „die Dinge richtig zu tun“. Durch die effiziente Verarbeitung der produzierten Güter wurde verhindert, dass zu viel Kapital in den Umlaufbeständen oder im Fertigwarenlager gebunden wurde. Toyota strebte nach einer schnellen Umwandlung des Produkts, von den gekauften Rohstoffen bis hin zum gelieferten und bezahlten Endprodukt.

Um das Pull-System umzusetzen, skizzierte Toyota den gesamten Produktionsprozess. Die Bedarfe der externen Kunden waren die Trigger in einer langen Kette von wertschöpfenden Aktivitäten. Bei diesem kundenorientierten Ansatz ging es Toyota darum, den Fluss durch den Prozess zu maximieren, d. h. einen schnelleren Informationsfluss in die eine Richtung und einen schnelleren Produktfluss in die andere Richtung zu erreichen. Toyota wollte vermeiden, dass es zwischen den Schritten des Produktionsprozesses zu unfertigen Produkten kam und strebte danach, alles zu eliminieren, was den Strom durch den Prozess behindern konnte. Alle Formen von Ineffizienz oder Verschwendung, die dem Produkt keinen Wert zuführten, wurden eliminiert, um den Fluss zu verbessern.

Toyota identifizierte sieben Formen von Verschwendung, die den Produktionsstrom behinderten und weder dem Produkt noch dem Kunden einen Wert zuführten:

- *Verschwendung durch Überproduktion* – Jeder Schritt im Produktionsprozess sollte immer nur das produzieren, was der Kunde benötigte.
- *Verschwendung in Form von Wartezeiten* – Die Produktion sollte so organisiert werden, dass alle unnötigen Wartezeiten, sowohl der Maschinen als auch der Mitarbeiter, vermieden wurden.
- *Verschwendung durch Transport* – Transporte von Materialien und Produkten sollten durch das Anpassen des räumlichen Designs der Produktionsstätte vermieden werden.
- *Verschwendung durch Überbearbeitung* – Hierbei sollte vermieden werden, mehr Arbeit an einem Produktteil oder einem Produkt auszuführen, als zur Erfüllung des Kundenbedarfs erforderlich war. Hierzu gehörte die Verwendung von Werkzeugen, die genauer, komplexer oder teurer als notwendig waren.
- *Verschwendung durch Lagerbestände* – Lagerbestände verursachen Kapitalbindung im Prozess und verschleiern Probleme. Dies sollte durch das Reduzieren der Rüstzeiten von Maschinen vermieden werden, d. h. durch das Verringern der Zeit, die zur Vorbereitung einer Maschine auf eine neue Aufgabe erforderlich war.
- *Verschwendung durch überflüssige Bewegungen* – Dies wurde vermieden, indem der Arbeitsplatz der Arbeiter so organisiert wurde, dass sie keine unnötigen Bewegungen, wie z. B. das Holen von Materialien oder Werkzeugen, ausführen mussten.
- *Verschwendung durch Nacharbeit und Ausschuss* – Jeder Schritt in der Produktion war dafür verantwortlich, ausschließlich fehlerfreie Teile zu produzieren.

Toyotas Ansatz, die Dinge richtig zu tun, führte zur Eliminierung des Risikos, die falschen oder fehlerhafte Produkte an den Kunden zu liefern. Qualitätssicherung und -kontrolle erhielten eine zentrale Bedeutung. Jeder Toyota Mitarbeiter war für die Qualität verantwortlich und musste sicherstellen, dass die Produkte von Anfang an fehlerfrei waren. Jidoka wurde in der Automobilproduktion umgesetzt, indem eine Schnur an der Decke entlang geführt wurde, an der jeder ziehen konnte, um die Produktion bei Auftreten eines Problems zu stoppen. Probleme galten als Möglichkeit für Entwicklung und Verbesserung. Probleme waren etwas Positives, das unmittelbar erkannt, analysiert und eliminiert werden sollte und somit nie wieder auftritt. Ein Fehler durfte nie beim Kunden ankommen.

Die Mangelwirtschaft führte zu einerganzheitlichen Sichtweise

Der wichtigste Aspekt von Toyotas Geschichte ist, dass das Unternehmen durch den Mangel an Ressourcen gezwungen war, ein auf Flusseffizienz basierendes Produktionssystem zu entwickeln. Die Ressourcenknappheit zwang Toyota dazu, die Bedarfe der Kunden ins Zentrum zu stellen. Toyota betrachtete sämtliche Schritte im Produktionsprozess als interne Kunden und Lieferanten, was zu einem Verständnis des Prozesses in seiner Gesamtheit führte. Alle Teile des Produktionsprozesses waren Glieder derselben Kette.

Das Unternehmen leitete die Kundenaufträge stromaufwärts durch den gesamten Produktionsprozess, so dass das beauftragte Produkt stromabwärts „gezogen“ werden konnte. Das Ziel war, die Flusseffizienz zu maximieren, damit dem Produkt während der gesamten Durchlaufzeit – vom Auftrag bis zur Lieferung und Bezahlung – Wert zugeführt wurde. Der Produktionsprozess war flusseffizient. Beobachter aus dem Westen gaben Toyotas Produktionsprozess schließlich die Bezeichnung „lean".

KAPITEL 6

Willkommen im Wilden Westen ... Wir nennen es Lean

Toyotas interne Produktionsphilosophie, das Toyota-Produktionssystem (TPS), wird bereits seit fast hundert Jahren praktiziert und weiterentwickelt. Heute ist TPS im Westen ein allgemein bekanntes Konzept und Vorbild für die Fertigungsindustrie und Dienstleistungsbranche gleichermaßen. In Japan ist TPS sogar in noch größerem Ausmaß etabliert. Dort geht die Entwicklung mittlerweile so weit, dass praktisch jedes Buchgeschäft im ganzen Land Bücher wie *TPS for Dummies* und *Let's Study TPS in English* im Sortiment hat. Ende der 1980er Jahre nahm das Interesse an Toyota bei westlichen Wissenschaftlern und Forschern stark zu. Sie gaben dem Phänomen die Bezeichnung „Lean" und lancierten somit ein neues Konzept. Obwohl Lean genau wie TPS ausgehend von Toyota entstand und beide Systeme parallel entwickelt und beschrieben wurden, handelt es sich um zwei unterschiedliche Konzepte.

Ohno definiert das Toyota-Produktionssystem

Taiichi Ohno, der seine berufliche Laufbahn in der Unternehmensgruppe der Toyoda-Familie im Jahr 1932 begann, wird häufig als Vater des TPS bezeichnet. Mit gesundem Menschenverstand und einem leidenschaftlichen Engagement für das Unternehmen hat Ohno die Toyota-Produktionsphilosophie über einen Zeitraum von sechzig Jahren kontinuierlich weiterentwickelt. Eiji Toyoda, der Cousin des Toyota-Gründers Kiichiro Toyoda, und Ohno gaben der Philosophie den Namen Toyota-Produktionssystem. 1978 veröffentliche Ohno ein Buch mit dem Titel *Toyota Production System: Beyond Large-Scale Production*. Ohno hielt nichts von Skaleneffekten und Massenproduktion, sondern war der Auffassung, dass Produktivität durch Fluss erzielt wurde:

> „Wir tun nichts anderes, als die Zeitlinie zu analysieren, die mit dem Eingang des Kundenauftrags in unserem Werk beginnt und endet, wenn wir das Geld in Händen halten. Wir analysieren lediglich die Zeitlinie, indem wir die nichtwertschöpfenden Verschwendungen reduzieren."

Anfangs war Ohnos Buch nur in japanischer Sprache erhältlich. Noch heute ist es das von den japanischen Toyota-Mitarbeitern am häufigsten gelesene Buch und wird auch als die Toyota-Bibel bezeichnet. Wenngleich das Buch in erster Linie die Fertigungsprozesse beleuchtet, enthält es nach Ansicht des Toyota Managements dennoch wichtige Informationen über TPS, die man als Führungskraft kennen sollte.

1988 wurde Ohnos Buch erstmals in englischer Sprache verlegt. Vor dessen Erscheinung hatten zahlreiche westliche Autoren den Versuch unternommen, TPS zu erklären, aber keinem war es gelungen, dies auf einfache, leicht zugängliche Art zu tun.

Lean erblickt das Licht der Welt

Der Begriff „lean production“ taucht erstmals 1988 in John Krafciks Artikel „Triumph of the Lean Production System“ auf, der im *Sloan Management Review* veröffentlicht wurde. Der Artikel vergleicht die Produktivität unterschiedlicher Automobilhersteller und identifiziert zwei Typen von Produktionssystemen: das robuste und das empfindliche System. Krafcik räumte mit der Vorstellung auf, dass Produktivität durch Skaleneffekte und moderne Technologie erreicht wird (robuste Produktionssysteme) und bewies stattdessen, dass Fabriken (wie z. B. Toyota), die geringe Lagerbestände und kleine Pufferlager hatten sowie einfache Technologien verwendeten (empfindliche Produktionssysteme), in der Lage waren, hohe Produktivität und Qualität zu liefern. Krafcik kam zu dem Schluss, dass der Begriff „empfindlich“ einen negativen Beigeschmack hat und verwendete stattdessen den Begriff „Lean“, d. h. schlank, um effiziente Produktionssysteme zu beschreiben.

Das Buch, das die Welt veränderte

Die Ideen, die in Krafciks Artikel formuliert wurden, waren Teil eines Konzepts, das man im Zuge des International Motor Vehicle Program entwickelt hatte, in das auch Krafcik involviert gewesen war. Das Forschungsprogramm, an dem führende Forscher aus der ganzen Welt teilnahmen, wurde in den USA am MIT in Cambridge, Massachusetts, durchgeführt. 1990 veröffentlichte man auf Grundlage dieser Forschungsarbeit den internationalen Bestseller *The Machine that Changed the World (dt. Titel: Die zweite Revolution in der Autoindustrie)*, in dem die Autoren James P. Womack, Daniel

T. Jones und Daniel Roos einen umfassenden Überblick über das Phänomen der schlanken Produktion geben. Das Buch war das Ergebnis langjähriger Forschungsarbeit und verdeutlichte, wie es Toyota gelungen war, Produktivitäts- und Qualitätsstandards zu erreichen, die weit vor denen ihrer Konkurrenz lagen. Im Buch wird die These vertreten, dass Lean aus vier Kernprinzipien besteht:

1. Teamarbeit
2. Das effiziente Nutzen von Ressourcen und das Eliminieren von Verschwendung
3. Kommunikation
4. Kontinuierliche Verbesserung

Seit dieser Zeit haben Womack und Jones das Lean-Konzept weiter entwickelt und zahlreiche Artikel und Bücher zum Thema veröffentlicht. In dem 1996 erschienen Buch *Lean Thinking* (dt. Titel: *Lean Thinking: Ballast abwerfen, Unternehmensgewinn steigern*) beleuchten sie eingehend, welche Schritte eine Organisation unternehmen muss, um „lean" zu sein. In dem Buch werden fünf neue Prinzipien mit einem deutlichen Fokus auf Implementierung beschrieben:

1. Spezifizieren des Wertes aus Sicht des Endkunden.
2. Identifizieren des Wertstroms und Eliminieren aller nicht wertschöpfenden Prozessschritte.
3. Mit den verbleibenden, wertschöpfenden Schritten einen Fluss erzeugen, mit dessen Hilfe sich das Produkt reibungslos in Richtung Endkunde bewegt.
4. Sobald ein Fluss vorhanden ist, den Kunden Werte von der nächsten vorgelagerten Aktivität stromaufwärts „ziehen" lassen.
5. Nach Beendigung der Schritte 1-4 beginnt der Prozess von Neuem und geht so lange weiter, bis ein Stadium der Perfektion erreicht ist, in dem ohne Verschwendung Wert geschaffen wird.

Durch Umsetzung dieser Prinzipien kann ein Unternehmen mit der „Leanifizierung" seiner Abläufe beginnen und den Prozessfluss verbessern. Sowohl *The Machine that Changed the World* als auch *Lean Thinking* sind internationale Bestseller und haben entscheidend zur Entwicklung und Verbreitung des Lean-Konzepts beigetragen.

Fujimoto konzentriert sich auf Toyotas Fähigkeiten

In den 1990er Jahren wurden relativ wenige Bücher über Toyota veröffentlicht. Eine erwähnenswerte Ausnahme bildet Takahiro Fujimotos Buch *The Evolution of a Manufacturing System at Toyota*, das 1999 erschien und in Japan mit regem Interesse aufgenommen wurde. Fujimoto gibt einen Überblick über die Geschichte von Toyotas Produktionssystem und beschreibt zudem zahlreiche abstrakte Phänomene. Fujimoto ist der Ansicht, dass Toyota drei unterschiedliche Fähigkeitsebenen entwickelt hat:

- Ebene 1 – die Fähigkeit zur routinierten Fertigung.
- Ebene 2 – die Fähigkeit des routinierten Lernens (Kaizen-Fähigkeit).
- Ebene 3 – die Fähigkeit zur evolutionären Entwicklung (die Fähigkeit, Fähigkeiten zu entwickeln) .

Laut Fujimoto liegt der Schlüssel zu Toyotas Erfolg in der Fähigkeit, zu jeder Zeit eine Weiterentwicklung sicherzustellen, unabhängig davon, welchen Rückschlägen oder Herausforderungen das Unternehmen gegenübersteht.

Die Entschlüsselung der Toyota DNA

Zeitgleich mit der Erscheinung von Fujimotos Buch veröffentlichten die Wissenschaftler Steven Spear und H. Kent Bowen im *Harvard Business Review* einen Artikel mit dem Titel „Decoding the DNA of the Toyota Production System". Dieser Artikel rückte TPS im Westen erneut ins Zentrum des Interesses. Der Artikel basierte auf einer längeren Studie des Toyota-Produktionssystems, in der die Autoren versuchten, das in TPS eingeschlossene, implizierte Wissen zu entschlüsseln. Die Forschungsergebnisse wurden in Form von vier Regeln zur Gestaltung, Umsetzung und Verbesserung von Prozessen und der Aktivitäten innerhalb der Prozesse vorgestellt:

1. Alle Arbeiten müssen im Hinblick auf Inhalt, Reihenfolge, Timing und Ergebnis in hohem Maß spezifiziert sein.
2. Es darf nur direkte Kunden-Lieferanten-Schnittstellen geben, und die Kommunikation muss mithilfe eindeutiger Ja- oder Nein-Alternativen erfolgen.
3. Der Weg aller Produkte und Dienstleistungen muss einfach und direkt sein.
4. Jede Verbesserung muss im Einklang mit der wissenschaftlichen Methode unter Anleitung eines Lehrers auf niedrigstmöglichem Organisationsniveau erfolgen.

Dieser Artikel hat sich zu einer der am häufigsten zitierten Arbeiten zu Lean entwickelt. Er ist einer der wenigen Quellen, in denen Toyotas Sichtweise auf einfache und eindeutige Art im Hinblick auf deren organisatorische Verbesserungen illustriert wird.

Der Toyota-Ansatz wird von Toyota intern verschlüsselt

2001 veröffentliche Toyota eine interne Publikation, *The Toyota Way*. Das Dokument, in dem Toyotas Kernwerte definiert werden, wurde in mehrere Sprachen übersetzt und in der gesamten Toyota Corporation verteilt, um eine einheitliche Sichtweise in dem multinationalen Unternehmen zu fördern. *The Toyota Way* besteht aus fünf Grundwerten, die sich in zwei zentralen Bereichen kategorisieren lassen: Kontinuierliche Verbesserung und Respekt für Menschen:

Kontinuierliche Verbesserung:

- Herausforderung – Wir entwickeln eine langsichtige Vision und begegnen Herausforderungen mit Mut und Kreativität, um unsere Träume zu verwirklichen.
- *Kaizen* – Wir verbessern unseren geschäftlichen Betrieb kontinuierlich und streben ständig nach Innovation und Weiterentwicklung.
- *Genchi Genbutsu* – Wir praktizieren *Genchi Genbutsu*; wir gehen den Dingen auf den Grund, um die erforderlichen Fakten zusammenzutragen, um so schnell wie möglich die richtigen Entscheidungen zu treffen, eine einheitliche Sichtweise zu schaffen und die Ziele zu erreichen.

Respekt für Menschen:

- Respekt – Unser Umgang mit anderen ist durch Respekt geprägt, wir bemühen uns, einander zu verstehen, übernehmen Verantwortung und tun unser Bestes, um gegenseitiges Vertrauen aufzubauen.
- Teamarbeit – Wir fördern persönliches und professionelles Wachstum, nutzen gemeinsam die Möglichkeiten zur Weiterentwicklung und maximieren die Leistung des Einzelnen und des Teams.

The Toyota Way ist nur 16 Seiten lang und jeder Wert wird durch eine Aussage eines Toyota-Mitarbeiters illustriert. Das Dokument ist nicht außerhalb von Toyota erhältlich und wird nach wie vor ausschließlich intern als Handbuch für Toyotas Produktionsphilosophie eingesetzt. *The Toyota Way* repräsentiert die Kernwerte des Unternehmens.

Liker macht The Toyota Way weltweit bekannt

Zu Beginn der 2000er Jahre suchte man in den Bestseller-Listen in westlichen Ländern vergeblich nach Büchern über Toyota und TPS. Dies änderte sich, als Toyota zum größten Automobilhersteller der Welt wurde. Zu diesem Zeitpunkt, im Jahr 2004, brachte Jeffrey K. Liker sein Buch heraus, dem er ebenfalls den Titel *The Toyota Way* gab. Dieses Buch ist äußerst beliebt, nicht nur in der Fertigungsindustrie, sondern auch im Dienstleistungssektor. Das Buch beschreibt Likers eigene Interpretation der Toyota-Philosophie auf Grundlage seiner langjährigen Erfahrung beim Studium von Toyota in den USA. Seine Version von *The Toyota Way* ist in 14 Prinzipien unterteilt:

I. Langfristige Philosophie

1. Gründen Sie Ihre Managemententscheidungen auf einer langsichtige Philosophie, selbst wenn damit kurzfristige, finanzielle Einbußen verbunden sind.

II. Der richtige Prozess führt zum richtigen Ergebnis

2. Schaffen Sie einen kontinuierlichen Fluss im Prozess, um Probleme an die Oberfläche zu bringen.
3. Verwenden Sie Pull-Systeme, um Überproduktion zu vermeiden.
4. Verteilen Sie die Arbeitsbelastung.
5. Stoppen Sie, falls erforderlich, den Prozess, um Probleme zu beheben und von Anfang an die richtige Qualität zu erhalten.
6. Standardisieren Sie Abläufe und Prozesse, um eine kontinuierliche Weiterentwicklung und Stärkung der Mitarbeiter zu erreichen.
7. Verwenden Sie Sichtkontrollen, um Probleme an die Oberfläche zu bringen.
8. Verwenden Sie nur zuverlässige, ausführlich geprüfte Technologien, die Ihren Mitarbeitern und Prozessen zugutekommen.

III. Sorgen Sie dafür, dass sich Ihre Mitarbeiter und Geschäftspartner weiterentwickeln

9. Fördern Sie die Weiterentwicklung von Führungskräften, die ihre Arbeit in vollem Umfang verstehen, die Philosophie umsetzen und diese anderen vermitteln.
10. Investieren Sie in die Weiterentwicklung außergewöhnlicher Menschen und Teams, die die Philosophie des Unternehmens befolgen.
11. Respektieren Sie Ihre Geschäftspartner und Lieferanten, indem Sie diese herausfordern und ihnen helfen, besser zu werden.

IV. Lösen Sie grundsätzliche Probleme kontinuierlich, um Lernprozesse innerhalb der Organisation voranzutreiben

12. Verschaffen Sie sich mit eigenen Augen einen Überblick, um die Situation genau zu verstehen.
13. Treffen Sie Entscheidungen langsam und einvernehmlich aber implementieren Sie Entscheidungen schnell.
14. Werden Sie durch gründliches Reflektieren und kontinuierliche Verbesserungen zu einer lernenden Organisation.

Die Lean-Explosion!

Das Konzept Lean hat sich im Takt mit dem Erscheinen von Büchern über TPS weiterentwickelt. Wissenschaftler und Praktiker haben aus Lean ein selbstständiges Konzept entwickelt, das unabhängig von Toyota existiert, auch wenn es in hohem Maß mit dem japanischen Automobilriesen assoziiert wird.

Obwohl Lean ursprünglich innerhalb der Fertigungsindustrie entwickelt wurde, hat man das Konzept in anderen Funktionsbereichen und Einsatzgebieten übernommen, einschließlich solcher Funktionen wie dem Einkauf, der Produktentwicklung, der Logistik, dem Service, dem Vertrieb und der Buchführung. Außerdem wurde das Konzept auch von anderen Branchen wie z. B. Banken und Versicherungen, Einzelhandel, Beratung, Medien und Unterhaltung, Gesundheitswesen, Medizin, Telekommunikation und IT übernommen.

Das Interesse an Toyota und Lean hat zu Hunderten von Büchern und Artikeln geführt. Eine Schnellsuche auf Amazon, die 2014 mit dem Suchwort Lean durchgeführt wurde, lieferte über 200 unterschiedliche Buchtitel zurück. Nachfolgend eine Zusammenfassung der unterschiedlichen Lean-Begriffe, die in den gefundenen Büchern verwendet werden.

Lean accounting
Lean acres
Lean agile
Lean and green
Lean banking
Lean business schools
Lean culture
Lean design
Lean doctors
Lean education
Lean enterprise
Lean healthcare
Lean hospitals
Lean IT
Lean labour
Lean leadership
Lean library
Lean manufacturing
Lean management
Lean marketing
Lean ministry
Lean office
Lean problem solving
Lean product development
Lean publishing
Lean R&D
Lean revolution
Lean selling
Lean service
Lean six sigma
Lean software
Lean start-up
Lean supply chain
Lean sustainability
Lean system engineers
Lean transformation
Lean thinking company
Lean training games

Die Welt wurde von einer Lean-Explosion erschüttert! Plötzlich scheint alles Lean zu sein. Lean dies, Lean das, Lean – wohin man auch blickt – alles ist Lean! Durch diese Flut an Büchern ist es schwierig zu erkennen, was Lean ist und was nicht. Einige Bücher behandeln Lean als ein abstraktes Konzept, wie einen Ansatz, eine Philosophie, eine Kultur oder ein Prinzip. Andere sehen Lean eher als etwas Konkretes: eine Arbeitsweise, eine Methode, ein Werkzeug, eine Technik. Es gibt keine allgemein akzeptierte Definition, was Lean ist. Diese Fragmentierung verdeutlicht das Problem, dem sich Praktiker und Akademiker gegenüber sehen, da sich dieses, sich kontinuierlich entwickelnde Konzept auf unterschiedliche Dinge bezieht.

KAPITEL 7

Was Lean nicht ist

Es gibt genauso so viele Definitionen von Lean, wie es Autoren gibt, die den Begriff definiert haben. Und viele dieser Definitionen haben nicht wirklich etwas mit Toyota zu tun. Das Material, das über Toyota veröffentlicht wurde, ist ebenfalls zahlreich und verschiedenartig. Und obwohl wir aus dieser Literatur einiges lernen können, ist es dennoch bemerkenswert, dass es so viele widersprüchliche Definitionen gibt. In diesem Kapitel werden drei Probleme behandelt, die durch die unterschiedlichen Definitionen von Lean entstehen. Erstens: Die Definitionen werden auf unterschiedlichen Abstraktionsebenen formuliert. Zweitens: Lean ist zum Selbstzweck geworden und dient nicht länger als Mittel zum Zweck. Drittens: Lean scheint für alles zu stehen, was gut ist und alles, was gut ist, ist Lean.

Problem Nr. 1: Die Definition von Lean auf unterschiedlichen Abstraktionsebenen

Haben Sie Lust auf Obst, auf eine Birne oder einen grünen Apfel? Diese Frage „richtig" zu beantworten, ist schwierig, da sich die drei Antwortalternativen auf unterschiedlichen Abstraktionsebenen befinden. Obst ist die höchste Abstraktionsebene, da sie alle drei Alternativen beinhaltet. Da es sich bei einer Birne um Obst handelt, das durch die Obstsorte (Birne) definiert werden kann, ist dies die zweite Abstraktionsebene. Der grüne Apfel liegt auf einer noch niedrigeren Abstraktionsebene, da er nicht nur durch die Obstsorte (Apfel), sondern auch durch seine Farbe (grün) definiert wird. Je höher die Abstraktionsebene, desto allgemeiner wird die Definition, je niedriger die Abstraktionsebene, desto spezifischer wird sie. „Ich habe Lust auf Obst" ist eine allgemeinere Aussage als „Ich habe Lust auf einen grünen Apfel". In der nachfolgenden Abbildung wird das Problem der unterschiedlichen Abstraktionsebenen illustriert.

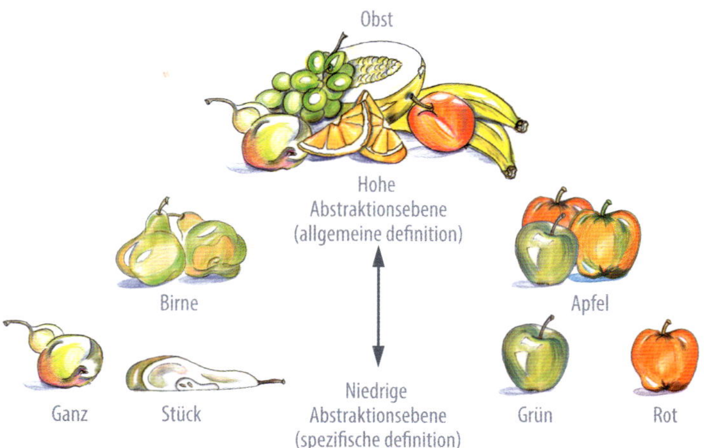

Lean umfasst alles – vom Obst bis zu grünen Äpfeln

In der Literatur zum Thema Lean werden die unterschiedlichen Abstraktionsebenen munter vermischt und Lean wird auf unterschiedlichste Art von Obst bis zum grünen Apfel definiert. Dieses Durcheinander tritt auch in der Praxis auf, was in einer von uns durchgeführten Umfrage deutlich wurde. An der Umfrage nahmen 63 Personen aus 14 unterschiedlichen Branchen teil, die alle über weitreichende Erfahrung beim Arbeiten mit Lean verfügen. Die erste Frage lautete: „Was ist Lean?“ Die Antworten lassen sich in 17 unterschiedliche Kategorien oder Definitionen von Lean unterteilen:

Ansatz	Managementsystem	System zum Verständnis
Arbeitsweise	Methode	Systemdenken
Denkweise	Philosophie	Verbesserungsansatz
Eliminierung von Verschwendung	Produktionssystem	Werkzeugkiste
Kultur	Qualitätssystem	Werte
Lebensweise	Strategie	

Die Tatsache, dass es so viele Definitionen gibt, macht deutlich, dass Lean in der Praxis auf unterschiedlichen Abstraktionsebenen definiert wird. Um diese Definitionen unterschiedlichen Abstraktionsebenen zuzuordnen, ist es erforderlich, folgende Unterscheidungen zu treffen:

- Obst-Ebene (Lean als Philosophie, Kultur, Werte, Lebensweise, Denkweise, etc.)
- Birnen-Ebene (Lean als Verbesserungsansatz, Qualitätssystem, Produktionssystem, etc.)
- Grüner-Apfel-Ebene (Lean als Methode, Werkzeug, Elimination von Verschwendung etc.)

Lean als grüner Apfel

Viele Autoren definieren Lean auf der Grüner-Apfel-Ebene, d. h. auf einer niedrigen Abstraktionsebene. Obwohl natürlich auch die zugrunde liegenden Prinzipien häufig vorgestellt und beschrieben wurden, konzentrieren sich die meisten Autoren doch in erster Linie auf die von Toyota entwickelten Methoden und Werkzeuge. Dies liegt auf der Hand, da das, was wir beobachten und sehen können, konkret und einfach zu verstehen ist.

Wir können beobachten, was Toyota macht und die Methoden beschreiben. Wir können beobachten, was Toyota hat und die Werkzeuge beschreiben, mit denen die Mitarbeiter arbeiten.

Einige der Autoren gehen sogar so weit, lediglich eine der von Toyota entwickelten Methoden auszuwählen und diese mit Lean gleichzusetzen:

> „Implementieren Sie diese Methode, und Ihr Unternehmen wird lean!"

Andere haben sich darauf konzentriert, sämtliche von Toyota entwickelten Werkzeuge zu identifizieren und zu beschreiben. Sie stellen eine komplette Lean-„Werkzeugkiste" vor:

> „Setzen Sie diese Werkzeuge ein, und Ihr Unternehmen wird lean!"

Wird Lean jedoch nur als Methode oder Werkzeug definiert, führt dies zu einer Spezifizierung von Lean für einen bestimmten Kontext oder einen bestimmten Einsatzbereich. Toyota entwickelte seine Methoden und Werkzeuge innerhalb der Automobil-Massenproduktion. Dies führte zur Schaffung von Werkzeugen und Methoden für diesen spezifischen Kontext und Einsatzbereich und kann somit nicht problemlos auf einen anderen Kontext übertragen werden, was wiederum dazu führen kann, dass die Anwendbarkeit der Methoden und Werkzeuge eingeschränkt wird.

Wenn Lean auf niedriger Abstraktionsebene definiert wird, besteht die Gefahr, dass eine Organisation missversteht, um was es bei Lean geht. Dies begrenzt die möglichen Einsatzbereiche des Konzepts.

Dienstleister züchten Birnen als seien es Äpfel

Lean auf der Ebene der grünen Äpfel zu definieren, oder als die Methoden und Werkzeuge, die Toyota entwickelt hat, begrenzt die Einsetzbarkeit von Lean, wenn das Konzept in anderen Branchen oder Bereichen der Gesellschaft implementiert werden soll. In den letzten zehn Jahren ist das Interesse der Dienstleister für Lean als Mittel zur Effizienzsteigerung gestiegen. Dies hat dazu geführt, dass Lean sowohl im privaten als auch im öffentlichen Sektor relativ weitverbreitet ist.

Viele Organisationen beginnen mit ihrer Umstellung auf Lean, indem sie die von Toyota entwickelten Methoden und Werkzeuge implementieren. Dies bedeutet jedoch, dass ihnen das tiefere Verständnis für das Konzept Lean fehlt und die Tendenz besteht, das Warum, das hinter der Verwendung der Werkzeuge steht, zu ignorieren. Ein tief greifendes Verständnis von Lean zu entwickeln, braucht Zeit und ist wesentlich abstrakter als nur Methoden und Werkzeuge. Es ist wesentlich einfacher, mit etwas Konkretem zu beginnen.

Viele Organisationen sind sehr gut darin, die Werkzeuge und Methoden an ihre spezifischen Servicebereiche anzupassen, in denen ein großer Bedarf an Flexibilität und Variation besteht. Andere Organisationen haben Lean wieder verworfen, da sie zu dem Schluss kamen, dass es schwierig ist, diese Anpassungen durchzuführen. Wenn Organisationen mit solchen Schwierigkeiten konfrontiert werden, reagieren sie häufig mit Skepsis auf Lean. Zum Beispiel:

> „Im Krankenhaus arbeiten wir mit Menschen, nicht mit Autos. Bei uns gibt es keine Patienten-Massenproduktion.“

> „Unsere Dienstleistungen sind zu sehr auf die Bedürfnisse der Kunden und auf spezifische Situationen zugeschnitten, als dass wir unsere Arbeitsweise standardisieren könnten.“

Reaktionen wie diese führen dazu, dass Organisationen zu dem Schluss kommen, dass Lean nichts für sie ist. Sie erkennen nicht, wie die Methoden und Werkzeuge in ihrem Umfeld sinnvoll eingesetzt werden könnten.

Wenn Organisationen Lean als „grüner Apfel“ vorgestellt wird, d. h. als etwas, das für einen Herstellungsprozess spezifisch ist, sind solche Reaktionen nicht weiter verwunderlich. Je kontextspezifischer ein Konzept definiert wird, desto enger ist dessen Einsatzbereich. Das Wissen, wie saftige, grüne Äpfel gezüchtet werden, ist beim Züchten von Birnen nicht unbedingt relevant. Zu wissen, wie Produkte effizient produziert werden, ist nicht unbedingt für das effiziente Liefern von Dienstleistungen ausschlaggebend.

Zusammenfassend kann man sagen, dass das Definieren von Lean auf drei verschiedenen Abstraktionsebenen einige wichtige Konsequenzen nach sich zieht. Je höher die Abstraktionsebene, auf der Lean definiert wird, desto allgemeiner wird die Definition. Je niedriger die Abstraktionsebene, desto spezifischer wird sie. Außerdem bedeutet es, dass der Einsatzbereich breiter bzw. schmaler wird, je höher bzw. niedriger die Abstraktionsebene ist. Wird Lean auf einer niedrigen Abstraktionsebene definiert, müssen die Methoden und Werkzeuge nicht außerhalb des spezifischen Einsatzbereichs, für den sie entwickelt wurden, einsetzbar sein. Das Definieren von Lean auf der falschen Abstraktionsebene führt das Risiko mit sich, dass das Konzept verworfen wird.

Problem Nr. 2: Lean ist Selbstzweck und nicht Mittel zum Zweck

Als die schwedische Leichtathletin Carolina Klüft 2008 ihre aktive Karriere beendete, tat sie dies überlegen als Königin des Siebenkampfs, die nach Abschluss der Juniorenlaufbahn keine Niederlage mehr hingenommen hatte. Zwischen Juli 2001 und September 2007 gewann sie drei Weltmeistertitel, eine Olympische Goldmedaille und zwei Europameisterschaften. Klüft hat immer wieder betont, dass der Grund für ihren Erfolg der unbändige Spaß am sportlichen Kräftemessen und das regelrechte Genießen der Wettkampfsituation war. Klüft konzentriert sich somit auf ein Ziel, d. h. auf das, was sie erreichen will, und nicht auf die Mittel, die sie verwendet, um dieses Ziel zu erreichen.

Im Sport ist es üblich, den Fokus auf die Mittel zu legen:

> „Mit diesem Golfschläger können Sie den Ball so weit schlagen wie X ....“
>
> „Nehmen Sie Y und Sie können noch schneller laufen als ...“
>
> „Legen Sie wie Z Ruhepausen ein, und Sie reduzieren die Verletzungsgefahr ...“

Die Mittel beschreiben das *Wie*, das Ziel beschreibt das *Warum*. Das Problem, das dadurch entsteht, dass man sich zu sehr auf die Mittel und zu wenig auf das Ziel konzentriert, liegt darin, dass die Beziehung zwischen Mittel und Ziel nicht bei allen Menschen gleich ist: Die gleichen Mittel führen nicht notwendigerweise immer zum gleichen Ziel. Nur weil man die gleiche Ausrüstung hat wie Carolina Klüft und ihre Trainingsmethoden einsetzt, bedeutet dies noch lange nicht, dass einem das Training Spaß macht. Das Fokussieren auf das

Ziel gibt Flexibilität, während das Fokussieren auf die Mittel zu Einschränkungen führt.

Genau dieses Problem ist bei der konzeptuellen Entwicklung von Lean aufgetreten. Mittel und Ziele wurden durcheinander gebracht. Der Schwerpunkt wurde vor allem darauf gelegt, *wie* Toyota arbeitet, indem seine Werte, Prinzipien, Methoden und Werkzeuge hervorgehoben und definiert wurden. Die Mittel, mit denen Veränderungen durchgeführt werden, sind nicht mit den Mitteln identisch, die zum Erreichen eines Ziels erforderlich sind. Leider entsteht ein Problem, wenn der Fokus darauf liegt, „welche Mittel" Toyota einsetzt, anstatt zu erfragen und zu verstehen, „warum" diese Mittel eingesetzt werden, d. h. das Ziel zu kennen, das hinter Toyotas Philosophie steht.

Wenn Lean als Methode definiert wird, besteht die Tendenz, dass diese Methode zum eigentlichen Ziel wird. Eine Methode, die häufig bei Toyota eingesetzt wird, ist die Standardisierung. Probleme entstehen, wenn diese Methode zum Ziel wird und nicht zum Mittel, um ein Ziel zu erreichen. Zu den Zielen der Standardisierung gehört es, eine Grundlage für kontinuierliche Weiterentwicklung zu schaffen. Um sich weiter zu entwickeln, muss das Unternehmen eine gemeinsame Basis schaffen, von der aus Verbesserungen durchgeführt werden können, ansonsten gibt es nichts, was verbessert werden kann.

Das Verwechseln von Mitteln und Zielen führt häufig dazu, dass eine Organisation aus den Augen verliert, warum sie Veränderungen durchführt. Stattdessen legt sie zu viel Gewicht auf die spezifischen Mittel, die eingesetzt werden. Auf die Frage, ob die Organisation mit Lean arbeitet, lautet die stolze Antwort:

„Aber natürlich! Wir haben in allen Abteilungen eine Visualisierungstafel aufgehängt, an der wir uns jeden Morgen versammeln."

Das Mittel ist zum Ziel geworden. Die Organisation hält sich für „Lean", nur weil sie erfolgreich ein bestimmtes Werkzeug oder eine bestimmte Methode implementiert hat. Das Ziel, das hinter der Implementierung des Werkzeugs oder der Methode steht, ist aus dem Blickfeld verschwunden. Warum braucht man dann eine Visualisierungstafel?

Leider hat der starke Zusammenhang, der zwischen diesen Methoden und Toyota besteht, dazu geführt, dass es bei dem eigentlichen Ziel vor allem darum geht, wie Toyota zu denken und zu handeln. In diesem Zusammenhang ist es wichtig, sich vor Augen zu führen, dass Toyotas Aktivitäten und Maßnahmen eng mit dessen betrieblichen Rahmenbedingungen verbunden sind. Wie gesagt – das Wissen, wie man saftige, grüne Äpfel züchtet, ist beim Züchten saftiger Birnen nicht unbedingt relevant.

Problem Nr. 3: Lean ist alles, was gut ist und alles, was gut ist, ist Lean

Wenn Mittel und Ziel miteinander verwechselt werden, welches Ziel verfolgen Organisationen dann bei ihrer Arbeit mit Lean? In der in diesem Kapitel bereits erwähnten Umfrage wurde folgende Frage gestellt:

„Warum hat Ihre Organisation Lean implementiert?" Die 63 Befragten nannten 45 unterschiedliche Gründe:

Arbeitsumgebung verbessern
Cash-Flow verbessern
Die Kontrolle verbessern
Durchlaufzeiten verkürzen
Eine effiziente Zusammenarbeit schaffen
Eine gemeinsame Arbeitsweise kreieren
Eine Kultur schaffen
Eine lernende Organisation schaffen
Eine standardisierte Arbeitsweise entwickeln
Eine universelle Lösung kreieren
Einen gemeinsamen Ansatz schaffen
Engagement in der Führungsriege schaffen
Engagement verbessern
Fehler und Probleme verringern
Flexibilität verbessern
Führungskräfte weiterentwickeln
Führungsstil verbessern
Informationstransfer verbessern
Konkurrenzfähigkeit verbessern
Kontinuierliche Verbesserungen durchführen
Kosten senken
Kundenzufriedenheit verbessern
Lagerhaltung senken
Langfristige Strategien entwickeln
Liefergenauigkeit verbessern
Lieferzeiten reduzieren
Mitarbeiter fördern
Mitarbeiterzufriedenheit verbessern
Motivation verbessern
Produktion verbessern
Produktivität verbessern
Qualität verbessern
Rentabilität verbessern
Respekt für den Einzelnen schaffen
Sauberkeit verbessern
Service verbessern
Stabilität schaffen
Stimulierende Arbeit schaffen
Teamarbeit schaffen
Umsätze steigern
Verantwortung auf individueller Ebene kreieren
Verschwendung reduzieren
Wachstum verbessern
Zeit gewinnen
Zusammenarbeit verbessern

Welche Organisation würde nicht gerne all diese Ziele verwirklichen? Die Antworten zeigen jedes nur vorstellbare positive Ergebnis, unabhängig vom Typ der Organisation. Diese Antworten sind nicht unüblich. Sowohl Wissenschaftler als auch Praktiker sehen in Lean häufig die Lösung aller Probleme. Aber wenn Lean die Lösung aller Probleme ist, was ist Lean dann *nicht*? Wenn Lean alles ist, was gut ist und alles, was gut ist, Lean ist, was ist dann die Alternative? Wenn Lean alle unsere Probleme löst, brauchen wir dann überhaupt noch etwas anderes?

Um das Verständnis und Wissen zu erweitern, entwickeln Wissenschaftler Theorien. Eine Theorie ist der Versuch, die Welt um uns herum zu erklären und vorhersehbar zu machen. Um einen Nutzen zu bringen, müssen Theorien jedoch so formuliert sein, dass sie widerlegt werden können. Wenn es keine Alternativen gibt, verliert die Theorie ihre Aussagekraft, sie wird belanglos. Die Art, wie das Konzept Lean von Wissenschaftlern und Praktikern beschrieben wird, verhindert, dass es falsifiziert werden kann. Wer würde beispielsweise nicht die Liste der oben genannten Vorteile unterschreiben?

Das Problem der aktuellen Definitionen von Lean ist – genau wie bei vielen Schlusssätzen, die wir aus der Arbeit erfolgreicher Organisationen ziehen –, dass sie belanglos sind. Dies bedeutet, dass Wissen keinen neuen Wert zuführt, wenn es auf der Hand liegt. Stellen Sie sich beispielsweise vor, ein Kriminalbeamter antwortet auf die Frage, was über den Mörder bekannt ist:

> „Wir haben herausgefunden, dass es sich bei dem Mörder um eine Person handelt. Diese Person hat einen Kopf und ein Herz und muss regelmäßig Nahrung und Flüssigkeit zu sich nehmen, um überleben zu können."

Diese Aussagen sind belanglos, da sie offensichtlich sind. Sie führen der Ermittlung keinen Wert zu und helfen auch nicht dabei, Verdächtige auszuschließen. Die Aussagen sind nicht widerlegbar. Die Chancen, den Mörder zu überführen, haben sich nicht verbessert. Ändert man die Antwort, würde sich auch deren Wert bzw. Bedeutung ändern:

> „Der Mörder ist ein Mann. Er hat schulterlanges Haar mit Mittelscheitel und trägt am linken Ohr einen goldenen Ohrring. Er hat eine raue Stimme und verkehrt regelmäßig im Café à la Carte im Bahnhofsviertel in Frankfurt am Main."

Diese Rückschlüsse sind nicht belanglos und führen der Ermittlung einen Wert zu. Wir wissen, dass es sich bei dem Verdächtigen nicht um eine Frau handelt und dass die Person kein kurzes Haar hat. Und so weiter. Rückschlüsse sind wertvoll, wenn sie eine entgegengesetzte, logische Alternative haben. An jeder Kreuzung muss es mindestens zwei Wege geben, die Sie einschlagen können. Rückschlüsse sind wertvoll, wenn sie die Chance vergrößern, dass Sie den richtigen Weg wählen. Mann oder Frau? Mann. Langes oder kurzes Haar? Lang. Wenn es keine Kreuzungen gibt, sind Rückschlüsse belanglos und führen keinen Wert zu.

Sehen wir uns nun die nachfolgenden Aussagen an, die aus den Jahresberichten von drei multinationalen Unternehmen stammen.

- Bei unserer neuen operativen Strategie geht es darum, kontinuierliche Verbesserungen zu implementieren.
- Respekt für den Einzelnen ist unser Kernwert.
- Wir werden unsere Kundenorientierung verstärken.

Von welchen Kreuzungen gingen diese strategischen Initiativen aus? Welcher Weg wurde nicht eingeschlagen?

Um nicht belanglos zu sein, ist es wichtig, genau zu verstehen, wofür Lean steht und wofür nicht. Welche Ziele sollten wir mithilfe von Lean verfolgen und welche nicht? Lean ist nicht alles, was gut ist und alles Gute ist nicht Lean. Lean ist die Entscheidung, welchen Weg wir an einer Kreuzung einschlagen.

KAPITEL 8

Die Effizienzmatrix

Trotz der Tatsache, dass die unzähligen Bücher zum Thema Lean und TPS sicher eine Menge zu bieten haben, bleiben im Hinblick darauf, was Lean eigentlich ist, Fragen offen. Um Klarheit zu schaffen, wird in diesem Kapitel ein neues Rahmenwerk zur Definition von Lean vorgestellt, die so genannte *Effizienzmatrix*. Es wird erklärt, was es mit dieser Matrix auf sich hat, und welche Faktoren die unterschiedlichen Positionen bestimmen, die Organisationen in dieser Matrix einnehmen können, und was die Bewegungen der Organisationen innerhalb der Matrix charakterisiert.

Die Effizienzmatrix

Bei zahlreichen Definitionen von Lean wird von einer niedrigen Abstraktionsebene ausgegangen; oder – um es mit der Obst-Metapher aus Kapitel 7 auszudrücken – von der „Grüner-Apfel-Ebene". Da Organisationen aus unterschiedlichen Branchen damit begonnen haben, Lean zu implementieren, muss Lean auf einer Abstraktionsebene definiert werden, die hoch genug ist, um deren Anwendbarkeit außerhalb der Massenproduktion sicherzustellen. Mit anderen Worten – wir benötigen eine Definition auf Obst-Ebene. Der erste Schritt zum Formulieren einer solchen Definition ist das Einführen eines neuen Rahmenwerks: der Effizienzmatrix.

Die Effizienzmatrix baut auf den beiden Effizienzformen auf, die wir im ersten Teil des Buches vorgestellt haben, und zeigt, wie eine Organisation auf Grundlage von (a) geringer bzw. hoher Ressourceneffizienz und (b) geringer bzw. hoher Flusseffizienz definiert werden kann. Die nachfolgend abgebildete Matrix stellt die vier unterschiedlichen operativen Zonen dar, in denen sich eine Organisation befinden kann:

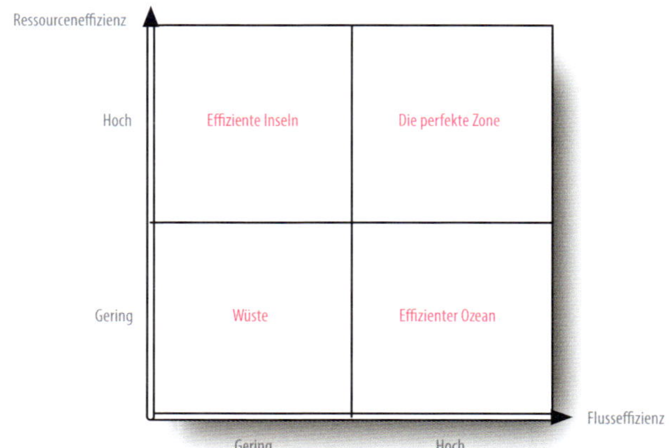

Effiziente Inseln

Im oberen linken Quadranten der Matrix liegt eine Zone, die wir effiziente Inseln nennen. In dieser Zone ist die Ressourceneffizienz hoch und die Flusseffizienz gering. Die Organisation setzt sich aus suboptimierten Bereichen zusammen, die unabhängig voneinander arbeiten, wobei jeder Bereich auf eine Maximierung seiner eigenen Ressourcenauslastung hinarbeitet. Durch die effiziente Nutzung der eigenen Ressourcen trägt jeder Bereich zur Reduktion der Kosten für die produzierten Güter und Dienstleistungen bei. Die effiziente Nutzung der Ressourcen geht jedoch zu Lasten eines effizienten Flusses. Die Flusseffizienz für jede einzelne Flusseinheit ist gering. In der Herstellung wird dies dadurch deutlich, dass jede Komponente bzw. jedes Produkt sein Dasein größtenteils als Lagerbestand fristet. Bei Dienstleistungen zeigt sich dies oft in Form unerwünschter Wartezeiten, in denen der Kunde keinen Wert erhält.

Effizienter Ozean

Im unteren rechten Quadranten der Matrix befindet sich die Zone, die wir den Effizienzozean nennen. Hier ist die Flusseffizienz hoch, die Ressourceneffizienz aber gering. Der Schwerpunkt liegt auf dem Kunden und darauf, dessen Bedarfe so effizient wie möglich zu erfüllen. Um die Flusseffizienz zu maximieren, muss es in den Ressourcen der Organisation freie Kapazitäten geben. Ein effizienter Fluss wird zu Lasten einer effizienten Nutzung der Ressourcen erreicht. Ressourcen werden nur genutzt, wenn ein tatsächlicher Bedarf vorliegt, der erfüllt werden muss. Das Schaffen eines Effizienzozeans und eines Flusses erfordert einen guten Überblick über die gesamte Situation, nicht nur über die unabhängigen und effizienten Silos.

Wüste
Befindet sich eine Organisation im unteren linken Quadranten der Matrix, ist sie nicht in der Lage, ihre Ressourcen effizient zu nutzen oder einen effizienten Fluss zu erreichen. Diese Zone ist für Organisationen aus offensichtlichen Gründen nicht erstrebenswert, da hier Ressourcen verschwendet und weniger Werte für den Kunden geschaffen werden. In dieser Zone gibt es weder effiziente Inseln noch einen effizienten Ozean. Es ist eine Wüste d. h., eine Zone, die durch eine unzureichende Ausnutzung der Ressourcen und einen geringen Fluss charakterisiert ist.

Die perfekte Zone
Im oberen, rechten Quadranten liegt die perfekte Zone. Organisationen, die diese Zone erreichen, besitzen sowohl eine hohe Ressourcen- als auch eine hohe Flusseffizienz. Wie uns mittlerweile klar ist, ist es schwierig, die perfekte Zone zu erreichen. Die Gründe hierfür sind teils in Kapitel 3 aufgeführt, das die Gesetzmäßigkeiten der Prozessabläufe behandelt, und teils in Kapitel 4, in dem erklärt wird, was es mit dem Effizienzparadox auf sich hat. Der Grund, warum es so schwierig ist, die perfekte Zone zu erreichen, ist die Variation.

Variation schränkt die möglichen Positionen in der Matrix ein

Wie wir gesehen haben, können Organisationen unterschiedliche Positionen innerhalb der Effizienzmatrix einnehmen. Um zu verstehen, welche Positionen eine Organisation in der Effizienzmatrix erreichen kann, müssen wir wissen, was Variation ist und wie diese sich auf die Organisation auswirkt.

Variation ist ein Faktor, der die Möglichkeit einschränkt, hohe Ressourceneffizienz mit hoher Flusseffizienz zu kombinieren. Wir können die Auswirkung von Variation verdeutlichen, indem wir das Extrem betrachten: eine Organisation, die ihre Ressourcen zu 100 Prozent einsetzt und gleichzeitig die Bedarfe der Kunden optimal erfüllt. Eine solche Organisation würde die Position direkt neben dem Stern erreichen, der in der Abbildung auf der nächsten Seite zu sehen ist.

Leider markiert der Stern lediglich eine theoretisch perfekte Zone, die angestrebt, aber nie erreicht werden kann. Um den Stern zu erreichen, benötigt eine Organisation zwei Dinge: Erstens, Zugang zu sämtlichen Informationen, die die gegenwärtigen und zukünftigen Bedarfe der Kunden betreffen. Zweitens, vollkommen flexible und zuverlässige Ressourcen, deren Kapazität, Funktionalität und Kompetenz innerhalb kürzester Zeit angepasst werden können, um alle nur erdenklichen Bedarfe zu erfüllen. Der entscheidende Faktor ist hierbei die Variation, sowohl bei der Nachfrage (Kundenbedarfe) als auch bei der Zulieferung (Ressourcen der Organisation.

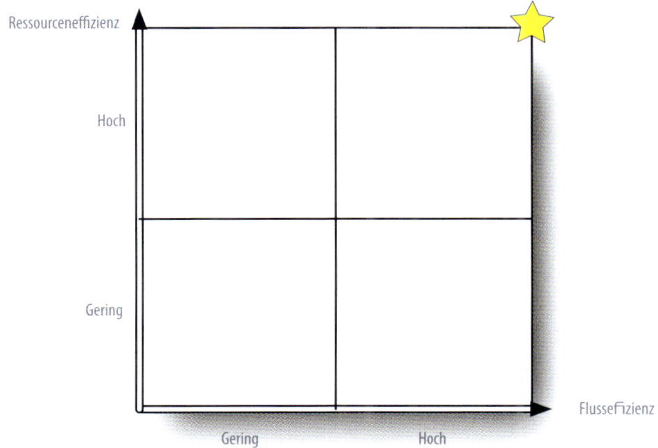

Variationen beim Bedarf verhindern, dass Organisationen den Stern erreichen

Voraussetzung, um den Stern zu erreichen, ist die Möglichkeit, die Nachfrage perfekt vorherzusagen. Hierzu muss eine Organisation in der Lage sein, folgende Parameter genau zu prognostizieren:

- *Was* angefordert wird
- *Wann* es angefordert wird
- *Welche Menge* angefordert wird

Leider sind Bedarfsmuster ausgesprochen schwierig zu prognostizieren. Auch wenn eine Organisation Zeit, Ressourcen und Energie darauf aufwendet, zu ermitteln, was, wann und wie viel der Kunde will, ist es dennoch unmöglich, perfekte Vorhersagen zu treffen. Es liegt in der Natur der Kundenbedarfe, dass sie variabel sind. Können Sie genau vorhersagen, was Sie wann und in welcher Menge benötigen? Bisweilen ist das sicher möglich, aber je weiter wir in die Zukunft blicken, desto schwieriger wird dies.

Variation in der Zulieferung hindert Organisationen daran, den Stern zu erreichen

Selbst wenn es möglich wäre, die Bedarfe hundertprozentig zu prognostizieren, wäre zudem eine vollkommen flexible und zuverlässige Zulieferung erforderlich, um den Stern zu erreichen. Diese beiden Voraussetzungen betreffen die Ressourcen der Organisation. Vor allem müssten die Ressourcen hundertprozentig flexibel sein. Es müsste möglich sein, die Kapazität, Funktionalität und Kompetenz der Ressourcen ohne Zeitverlust anzupassen, um alle nur erdenklichen Kundenbedarfe zu erfüllen. Die Organisation benötigt hundertprozentig flexible Ressourcen hinsichtlich:

- *Was* geliefert wird
- *Wann* es geliefert wird
- *Welche Menge* geliefert wird

Es reicht jedoch nicht aus, Zugriff auf vollkommen flexible Ressourcen zu haben. Die Zulieferung muss auch hundertprozentig zuverlässig sein. Die Organisation muss immer in der Lage sein vorherzusagen, was passiert, wenn ein Produkt produziert oder eine Dienstleistung geliefert wird. Maschinen dürfen niemals ausfallen. Mitarbeiter dürfen niemals Fehler machen, einen schlechten Tag haben, einen schlechten Service liefern oder krank sein. Zulieferer müssen immer pünktlich hundertprozentig einwandfreie Qualität liefern. Das IT-System darf niemals versagen und ein Rechner darf niemals an einem kritischen Punkt ausfallen. Jede Form von Unzuverlässigkeit muss ausgeschaltet werden.

Mit einer vollkommen flexiblen und zuverlässigen Zulieferung kann die Organisation eine hundertprozentige Ressourceneffizienz erreichen. Unabhängig davon, welches Produkt oder welche Dienstleistung zu einem beliebigen Zeitpunkt in beliebiger Menge gefordert wird – die Organisation wäre dank der vollkommenen Flexibilität und Zuverlässigkeit ihrer Ressourcen in der Lage, sich an jede Situation anzupassen. Natürlich ist eine vollkommen flexible und zuverlässige Zulieferung unmöglich zu erreichen, vor allem dann, wenn es sich bei den Ressourcen um Menschen handelt.

Der Variationsgrad bestimmt die Effizienzgrenze

Daher ist es der Variationsgrad der Nachfrage und der Zulieferung, der bestimmt, welche operative Zone eine Organisation erreichen kann. Variation begrenzt die Möglichkeiten, den Stern zu erreichen. Variation schafft eine „Effizienzgrenze“. Was mit Effizienzgrenze gemeint ist, wird in der nachfolgenden Abbildung verdeutlicht.

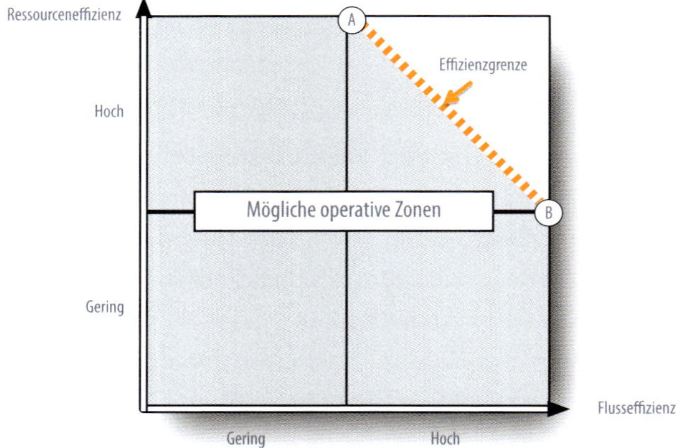

Die Abbildung oben zeigt, dass Variationsgrenzen die möglichen operativen Zonen einschränken, die eine Organisation erreichen kann. Wenn die Nachfrage nicht hundertprozentig vorhersehbar ist und/oder die Ressourcen nicht vollkommen flexibel und zuverlässig sind, gibt es eine Grenze dafür, in welchem Maß eine Organisation ihre Ressourceneffizienz verbessern und diese mit hoher Flusseffizienz kombinieren kann. Entscheidend ist in diesem Zusammenhang, dass es unmöglich ist, eine operative Zone zu erreichen, die hinter der Effizienzgrenze liegt.

Natürlich kann sich die Organisation an unterschiedlichen Positionen innerhalb des Bereichs befinden, der durch die Effizienzgrenze definiert wird. Auf welcher Position sich die Organisation befindet, hängt davon ab, ob sie Ressourcen- oder Flusseffizienz priorisiert. Dies wird in der Abbildung auf der vorherigen Seite durch die beiden Punkte A und B illustriert.

- Die Organisation, die Position A einnimmt, hat sich dafür entschieden, ihre Ressourcen auf Kosten eines effizienten Flusses einzusetzen.

- Die Organisation auf Position B hat sich für einen effizienten Fluss zu Lasten einer effizienten Nutzung der Ressourcen entschieden.

Dies sind zwei extreme Positionen. Eine Organisation kann sich an jedem beliebigen Punkt zwischen A und B auf der Effizienzgrenze befinden. Dieser Fall tritt ein, wenn sich die Organisation für eine Kombination aus Ressourceneffizienz und Flusseffizienz entscheidet.

Es ist jedoch wahrscheinlicher, dass sich die Organisation an einem beliebigen Punkt innerhalb des schraffierten Bereichs befindet. Eine Position innerhalb der Effizienzgrenze deutet auf Verbesserungspotential hin.

Nicht nur die eigentliche Variation, sondern auch der Variationsgrad haben einen wichtigen Einfluss auf die Effizienzmatrix. Je stärker die Variation (bei Nachfrage und Zulieferung), je schwieriger wird es, eine hohe Ressourceneffizienz mit einer hohen Flusseffizienz zu kombinieren, oder „den Stern zu erreichen", der nachfolgenden Abbildung zu sehen ist.

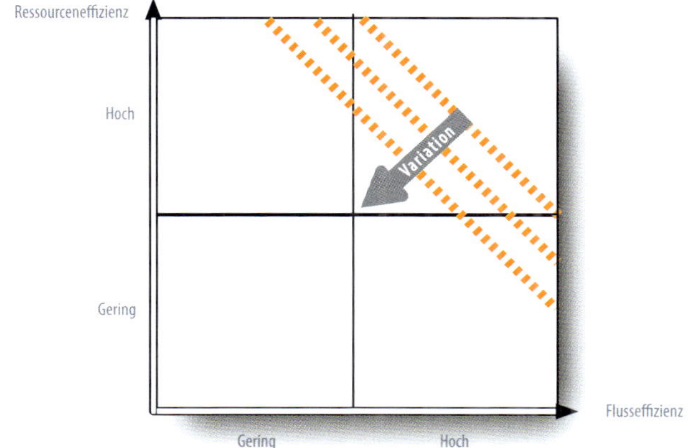

Man kann sagen, dass sich die Effizienzgrenze mit zunehmendem Variationsgrad nach innen verschiebt. Hiermit ist gemeint, dass es für eine Organisation, die mit einem hohen Variationsgrad konfrontiert wird, schwieriger ist, eine hohe Ressourceneffizienz mit hoher Flusseffizienz zu kombinieren, als für eine Organisation, deren Variationsgrad gering ist.

Hierbei ist es wichtig zu wissen, dass sich die Effizienzgrenze mit zunehmendem Variationsgrad nach innen verschiebt. Bei welchen der beiden nachfolgenden Beispiele ist es Ihrer Ansicht nach einfacher, hohe Ressourceneffizienz mit hoher Flusseffizienz zu kombinieren?

A. Bei einem Fertigungsunternehmen, das große Mengen ähnlicher Produkte produziert.
B. In der Notaufnahme eines Krankenhauses.

Die Antwort sollte offensichtlich sein (die korrekte Antwort ist A), da es sich hier um extreme Beispiele handelt. Der entscheidende Punkt ist, dass es für einige Organisationen deutlich schwieriger ist als für andere, hohe Ressourceneffizienz mit hoher Flusseffizienz zu kombinieren. Beispiele für Organisationen, die mit einem hohen Variationsgrad konfrontiert werden, sind solche, in denen es sich bei den Flusseinheiten in erster Linie um Personen handelt. Viele Dienstleistungsunternehmen fallen folglich in diese Kategorie. Menschen bringen eine Form von Variation mit sich, die nur schwer oder überhaupt nicht vermieden werden kann. Wir können Personen nicht auf die gleiche Art standardisieren oder kontrollieren, wie Materialien oder Informationen. Unabhängig von der Art der Organisation haben jedoch die meisten das Potential, beim Eliminieren, Reduzieren und Managen von Variation besser zu werden.

Je besser es einer Organisation gelingt, die Vorhersehbarkeit der Nachfrage und die Flexibilität und Zuverlässigkeit der Zulieferung zu handhaben, desto näher rückt die Organisation in Richtung des Sterns in der perfekten Zone. Die Fähigkeit, Variation zu handhaben, ist von entscheidender Bedeutung. Dennoch ist es wichtig zu betonen, dass eine Organisation selbst entscheiden sollte, wo sie sich positionieren will, auch wenn der Variationsgrad mögliche Positionen in der Effizienzmatrix bestimmt. Dies wird mithilfe von Strategien erreicht.

Strategie bestimmt die Position in der Matrix

Viele Definitionen von Lean definieren den Begriff vor allem als Mittel und weniger als Ziel. Hierdurch wird jedoch die entscheidende Frage vernachlässigt, nämlich *warum* bestimmte Aktivitäten durchgeführt werden. Um eine Basis für eine Definition von Lean zu schaffen, bei der das Ziel im Vordergrund steht, ist es wichtig, die Bedeutung strategischer Entscheidungen zu verstehen. Organisationen haben bei der Frage, welche Position sie innerhalb der Effizienzmatrix einnehmen möchten, eine Wahl. Eine Position ist nicht notwendigerweise besser als eine andere.

Um die Bedeutung von Strategie zu verstehen, müssen wir uns zunächst den Unterschied zwischen einer Geschäftsstrategie und einer operativen Strategie verdeutlichen. Einfach ausgedrückt legt eine Geschäftsstrategie fest, welchen Kundenbedarf die Organisation erfüllen will. Eine operative Strategie definiert, wie die Organisation diesen Bedarf erfüllt.

Eine Geschäftsstrategie definiert das Was

Die Geschäftsstrategie definiert den Wert, den das Unternehmen dem Kunden bietet, d. h. den Wert, den der Kunde beim Konsumieren eines Produkts oder einer Dienstleistung erlebt. Auf der höchsten Abstraktionsebene (der Obst-Ebene) kann eine Organisation ihren Schwerpunkt entweder auf Differenzierung oder auf Kosten legen. In diesem Zusammenhang schließt Differenzierung eine Reihe von Dingen ein wie z. B. ein besseres Erlebnis, besseres Essen, schnelleren Service oder ein breites Produktsortiment, aus dem der Kunde auswählen kann. Mit anderen Worten, Differenzierung umfasst alles, dem ein Kunde Wert beimisst. Die Kosten sind das, was der Kunde in Form von Geld, Zeit oder Energie investieren muss, um seine Bedarfe zu erfüllen.

Ein grundlegender Gedanke in der Literatur zum Thema Geschäftsstrategie ist die wichtige Entscheidung zwischen Differenzierung und Kostenführerschaft. Es kommt häufig zu einem Trade-off zwischen diesen beiden strategischen Zielen und eine Organisation muss eine der beiden Optionen priorisieren, wenn sie nicht „zwischen die Stühle“ geraten will. Daher ist es beim Entwickeln einer Geschäftsstrategie von entscheidender Bedeutung, welcher Differenzierungsgrad dem Kunden zu welchen Kosten angeboten werden soll.

Bei der Festlegung der Geschäftsstrategie geht es darum, welche Art von Bedarf die Organisation erfüllen will – es geht also darum, zu erkennen und zu entscheiden, welches Ziel priorisiert werden soll. Hierbei muss in Betracht gezogen werden, was für die Kunden einen Wert darstellt, was die Konkurrenz tut und wo die Stärken der Organisation liegen. „Wir wollen den besten Kundenservice in unserer Branche anbieten“ ist ein konkretes Beispiel für ein Ziel einer Geschäftsstrategie.

Eine operative Strategie definiert das Wie

Eine operative Strategie hilft, eine Geschäftsstrategie umzusetzen und definiert, wie ein Wert generiert wird. Alle Organisationen haben eine operative Strategie, ob diese offensichtlich ist oder nicht. Die operative Strategie beantwortet die Frage „Wie sollen wir Wert schaffen?“ In diesem Zusammenhang müssen wir davon ausgehen, dass wir die Art von Bedarf, den die Organisation zu erfüllen versucht, und den Zielmarkt bereits definiert haben. Es sollte eine klare Verbindung zwischen der Geschäftsstrategie und der operativen Strategie geben. Wenn wir davon ausgehen, dass wir die Geschäftsstrategie der Organisation bereits definiert haben, können wir jetzt eine operative Strategie entwickeln.

Eine operative Strategie ermöglicht es einer Organisation, wichtige Fragen anzusprechen wie „Wie können wir auf Grundlage unserer Geschäftsstrategie ein Produkt oder eine Dienstleistung produzieren?“, „Wie wird die Organisation Qualität liefern?“ und „Wie wird die Organisation niedrige Kosten liefern?“ Eine operative Strategie kann in operative Ziele unterteilt werden. Ressourceneffizienz und Flusseffizienz sind zwei operative Ziele, die auf der höchsten Abstraktionsebene, der Obst-Ebene, definiert werden. Diese Ziele können in mehrere untergeordnete Ziele aufgeteilt werden.

Strategie und operative Zonen

Die Strategie ist eine wichtige Erklärung für die Position, die eine Organisation in der Effizienzmatrix einnimmt. Bevor wir uns den Effekt einer strategischen Entscheidung ansehen, müssen wir zunächst zu folgenden operativen Zonen zurückkehren: zur Wüste und zur perfekten Zone.

Wie der Name vermuten lässt, ist die Wüste keine erstrebenswerte Zone. In dieser Zone verschwendet eine Organisation ihre Ressourcen und generiert unzufriedene Kunden. Dennoch ist es keine Seltenheit, dass sich Organisationen dort befinden. Diesen Organisationen fehlen häufig Routinen, Standards, Struktur und Koordination. Außerdem zeichnen sie sich durch ein äußerst reaktives Verhalten aus – sie verwenden ihre Ressourcen zur Lösung unerwartet auftauchender Probleme.

Am anderen Ende des Spektrums haben wir die perfekte Zone, in der sich jede Organisation gerne befinden würde. Wie wir gerade gesehen haben, beeinflussen der Variationsgrad und die Fähigkeit der Organisation, diesen zu handhaben, die Chancen, in die perfekte Zone zu gelangen.

Daher lässt sich mithilfe von Strategien verdeutlichen, warum eine Organisation über effiziente Inseln verfügt oder ein Effizienzozean ist. Die nachfolgenden Beispiele verdeutlichen, welche Bedeutung eine Strategie dafür hat, für welche operative Zone sich eine Organisation entscheidet.

Ryanairs Geschäftsidee besteht darin, Billigflüge anzubieten, und die Geschäftsstrategie beinhaltet, dass Kosten vor allen anderen strategischen Zielen zu priorisieren sind. Die Geschäftsstrategie wird in eine operative Strategie übersetzt, bei der Ressourceneffizienz priorisiert wird. Es geht darum, Ressourcen bis zu ihrer maximalen Kapazität zu nutzen. Beispielsweise nutzt Ryanair seine Flugzeuge in höherem Maß aus als andere Fluggesellschaften: Das Unternehmen stellt sicher, dass die Maschinen möglichst viel in der Luft sind. Die Flughäfen liegen an abgelegenen Orten und die Fluggäste müssen lange Wartezeiten in Kauf nehmen, d. h. es entsteht eine große Menge an nicht-wertschöpfender Zeit. Statt auf Flusseffizienz konzentriert sich Ryanair eindeutig darauf, sein operatives Ziel, die Ressourceneffizienz, sicherzustellen. Das Unternehmen ist hierbei äußerst erfolgreich und hat eine Organisation geschaffen, die kontinuierlich daran arbeitet, ihre Ressourceneffizienz weiter zu verbessern.

Luxushotels folgen einer Strategie, bei der die Flusseffizienz erhöht wird und erreichen somit den effizienten Ozean. Indem sie kontinuierlich die Bedarfe der Kunden im Auge haben und versuchen, den Kundenwert zu maximieren, ist die Flusseffizienz dieser Unternehmen hoch. In einem Luxushotel gibt es immer freie Kapazitäten in Form von wertschöpfenden Ressourcen.

Das Gleiche gilt für Organisationen, die einen Bedarf erfüllen, der dringend ist oder priorisiert werden muss. Als Beispiel kann hier die Feuerwehr genannt werden, die einen Brand löscht. Um möglichst schnell einsatzbereit zu sein, muss die Feuerwehr verfügbare Kapazitäten haben, einschließlich Ressourcen in Bereitschaft.

Bewegen in der Matrix

Wie wir in Kapitel 7 gesehen haben, liegt das Problem bei zahlreichen Definitionen von Lean darin, dass die logischen Gegensätze fehlen. Um die Grundlage für eine nicht-belanglose Definition von Lean zu schaffen, müssen wir die Wichtigkeit und Bedeutung der Bewegungen der Organisationen innerhalb der Matrix verstehen.

Viele Organisationen behaupten, dass sie kontinuierliche Verbesserungen implementieren möchten. Bezug nehmend auf die Ausführungen in Kapitel 7 kann dies als belanglose Aussage bezeichnet werden. Die Effizienzmatrix gibt uns die Möglichkeit, wesentlich konkreter zu sein und zwingt Organisationen, die behaupten, eine Strategie der kontinuierlichen Verbesserung zu verfolgen, die Richtung zu definieren, die sie einschlagen wollen, um diese Verbesserungen durchzuführen. Das Bewegen in der Matrix kann in zwei Dimensionen erfolgen:

- Die Ressourceneffizienz kann gesteigert oder gesenkt werden.
- Die Flusseffizienz kann gesteigert oder gesenkt werden.

Um die Art der Bewegung in diesen beiden Dimensionen zu verdeutlichen, folgen vier fiktive Geschichten. Die Bewegungen, die in diesen Geschichten beschrieben werden, sind in der nachfolgenden Abbildung eingezeichnet.

A. Das Start-Up-Unternehmen

Das Start-Up-Unternehmen verkauft Damenmode im Internet. Das Unternehmen war schnell gewachsen, fand es aber zunehmend schwierig, Kundenservice zu bieten. Das Unternehmen hatte weder Routinen noch standardisierte operative Abläufe entwickelt. Folglich war das Unternehmen gezwungen, bei jedem neuen Kundenbedarf „das Rad neu zu erfinden". Es gab keine nennenswerte Organisation. Dies führte dazu, dass sich die Kunden zu beschweren begannen. Lieferungen verspäteten sich, Ware war immer häufiger vergriffen und es kam zu Qualitätsproblemen.

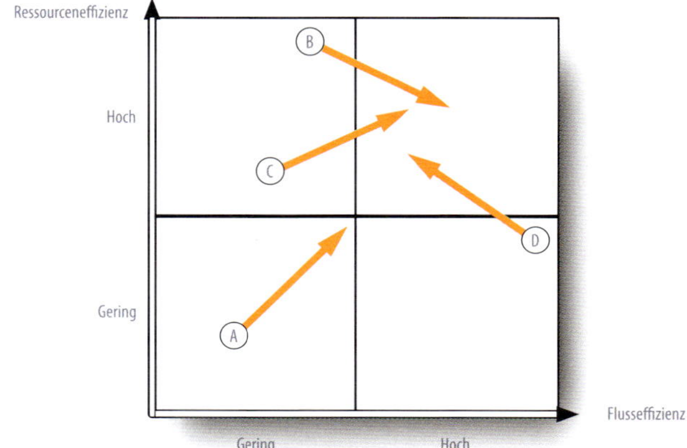

Obwohl sich die grundsätzlichen Arbeitsschritte ständig wiederholten, wurden viele Problempunkte übersehen.

Eine etablierte Risikokapitalgesellschaft kaufte Anteile des Unternehmens und führte so Kapital und Kompetenz zu. Das Unternehmen wurde strukturiert und geordnet. Es wurden Arbeitsabläufe und Systeme entwickelt und standardisierte, operative Abläufe implementiert. Dies führte zu einer deutlichen Verbesserung des Kundenservice und die Belegschaft war weit weniger gestresst, da sie nicht länger vor allem damit beschäftigt war, „Brände zu löschen".

Punkt A in der Abbildung auf Seite 126 zeigt die Matrixbewegung des Start-Up-Unternehmens. Das Unternehmen lag anfangs bei der Flusseffizienz relativ weit unten, da die Bedarfe der Kunden nicht erfüllt wurden. Dies galt auch für die Ressourceneffizienz, da viel Zeit mit unnötiger Arbeit vergeudet wurde. Durch das Etablieren von Routinen und standardisierten operativen Abläufen konnte durch die Arbeit mehr Wert zugeführt und die Ressourceneffizienz gesteigert werden. Außerdem konnte ein positiver Effekt auf die Flusseffizienz verzeichnet werden: immer mehr Kunden wurden pünktlich beliefert und es traten seltener Qualitätsprobleme auf.

B. Die Badezimmer-Renovierungsfirma

Der Handwerksbetrieb arbeitete mit relativ traditionellen Methoden. Die Renovierungsarbeiten begannen mit dem Herausreißen des alten Badezimmers. Danach dauerte es einige Tage, bis der Elektriker, der anderweitig beschäftigt war, Zeit hatte, die erforderlichen Elektroinstallationen vorzubereiten. Nachdem der Elektriker fertig war, kam es zu einer weiteren Wartezeit von mehreren Tagen, bis die Fliesenleger den nächsten Schritt fertig gestellt hatten. Weitere Wartezeiten entstanden, weil auf den Installateur gewartet werden musste, usw. Die Gesamtzeit von Baubeginn bis zur Fertigstellung betrug fast zwei Monate, in denen die Kunden ohne Badezimmer auskommen mussten.

Eines Tages hatte der Eigentümer der Firma eine Idee: Kunden würden vermutlich mehr zahlen, wenn die Arbeiten schneller erledigt würden. Um dies innerhalb der Firma umzusetzen, wurden verschiedene Schritte unternommen: Als Erstes wurde die Koordination der einzelnen Gewerke wie Fliesenlegen, Elektrik und Sanitärinstallation verbessert. Die einzelnen Arbeitsschritte wurden in höherem Maß standardisiert, um die Planung zu vereinfachen. Anfangs war es nicht ganz einfach, die Veränderungen umzusetzen, aber alle Beteiligten erkannten schon bald, dass ihnen die neue Organisation das Leben vereinfachte, da sie nicht in gleichem Maß zwischen den einzelnen Jobs hin und her hetzen mussten wie früher. Die Veränderungen führten dazu, dass das Renovieren eines Badezimmers nur noch wenige Wochen dauerte, was es der Firma ermöglichte, einen höheren Preis zu verlangen.

Punkt B in der Abbildung auf Seite 126 zeigt die Matrixbewegung der Badezimmer-Renovierungsfirma. Anfangs war die Ressourceneffizienz hoch, aber die Flusseffizienz niedrig. Alle an der Renovierung beteiligten Handwerker arbeiteten hart und waren sehr fleißig, aber der Kundenservice war schlecht. Standardisierte Aufgaben, eine bessere Koordination und das Freisetzen von Kapazitäten zwangen die Firma, ihre Ressourceneffizienz zu senken, führte aber dazu, dass ihre Flusseffizienz gesteigert wurde. Dies resultierte in zufriedeneren Kunden, schnellerer Projektabwicklung und der Möglichkeit, einen höheren Preis zu verlangen.

C. Das Fertigungsunternehmen
Das Fertigungsunternehmen war führend in seiner Branche, arbeitete aber sehr traditionell. Der Weg eines Produkts vom Rohstoff zum fertigen Produkt begann üblicherweise mit der Bearbeitung der Rohstoffe in einem bestimmten Bereich einer bestimmten Fabrik. Aufgrund der langen Rüstzeiten der Maschinen wurden Güter in einer Charge für mehr als zwei Monate produziert, was zu einem hohen Umlaufbestand führte. Die Güter wurden anschließend zur zweiten Fabrik des Unternehmens transportiert, wo sie in zwei Schritten weiter bearbeitet wurden, bevor sie zur Endmontage zur ersten Fabrik zurückgeschickt wurden.

Das Unternehmen reagierte auf Veränderungen im Markt mit einer umfassenden Veränderung der Produktionsabläufe. Der Aufbau der Produktionsanlagen wurde geändert, so dass Produktgruppen an einem Ort fertig gestellt wurden. Das Unternehmen implementierte eine statistische Prozesskontrolle und die Mitarbeiter wurden in standardisierten operativen Abläufen und Qualitätssicherung geschult. Die hierarchische Organisation, in der eine Person eine Arbeit verrichtete, wurde in eine team-basierte Arbeitsorganisation umgewandelt, in der jeder Mitarbeiter darin geschult wurde, mehrere Arbeiten ausführen zu können. Die Teams erhielten zudem die Aufgabe, einfachere Formen von Produktionsplanung, Einkauf und Wartung selbst auszuführen. Diese Veränderungen zogen mehrere positive Effekte nach sich. Die Qualität wurde besser, die Durchlaufzeiten verkürzten sich von drei Monaten auf eine Woche und die Gesamtproduktivität stieg an. Vor allem jedoch erhöhte sich die Rentabilität.

Punkt C in der Abbildung oben zeigt die Bewegung des Fertigungsunternehmens in der Matrix. Anfangs lag das Unternehmen bei der Ressourceneffizienz relativ hoch, aber die Kunden mussten lange auf die produzierten Produkte warten (geringe Flusseffizienz). Zu den Veränderungen gehörte es, die unterschiedlichen Arten von Variation zu eliminieren und zu reduzieren, um sowohl Ressourcen- als auch Flusseffizienz zu verbessern.

D. Das Luxushotel

Das 5-Sterne-Hotel rühmte sich seit jeher für seinen hervorragenden Service. Das Hotel bot alle Arten von luxuriösen Annehmlichkeiten wie ausgezeichnetes Essen und einen unvergleichlichen Service. Das Personal stand immer bereit, um den anspruchsvollen Gästen jeden Wunsch zu erfüllen. Die Zielsetzung war, den Hotelgästen ein perfektes Erlebnis zu bieten. Das Problem war jedoch, dass das Hotel aufgrund der geringen durchschnittlichen Zimmerbelegung und der hohen Personalkosten Verluste erwirtschaftete.

Ein neuer Eigentümer führte umfassende Veränderungen durch. Die Zielgruppe des Hotels waren fortan Geschäftskunden und die Klassifizierung wurde von fünf auf vier Sterne gesenkt. Zimmerpreise und Mitarbeiterzahl wurden gesenkt und es wurden zahlreiche Dienstleistungen gestrichen. Dies führte zu einer höheren Belegung und höherer Rentabilität.

Die Bewegung des Hotels in der Matrix wird durch Punkt D in der Abbildung auf Seite 126 illustriert. Anfangs erzielte das Hotel bei der Flusseffizienz hohe Werte, hatte aber eine relativ geringe Ressourceneffizienz. Um die Rentabilität zu verbessern, war es erforderlich, die Ressourcenauslastung zu erhöhen. Die Entscheidung wirkte sich negativ auf den Kundenservice aus (die Flusseffizienz nahm ab). Dennoch wirkte sich der Gesamteffekt dieser Maßnahmen positiv auf die Rentabilität aus, da der geringere Kundenservice und Pro-Kopf-Umsatz durch die Steigerung der Ressourceneffizienz und den somit geringeren Kosten mehr als kompensiert werden konnte.

Lean 2.0

Die Effizienzmatrix dient als Grundlage, um zu verstehen, was Lean auf Obst-Ebene bedeutet. Um nicht den Fehler zu machen, Lean in hohem Maß kontextabhängig zu definieren, möchten wir Lean auf einer entsprechend hohen Ebene beschreiben, die es ermöglicht, das Konzept auf alle Organisationen zu applizieren. Nicht zuletzt wegen des Interesses, das Lean in unterschiedlichen Branchen einschließlich Dienstleistern im öffentlichen Sektor entgegengebracht wird, ist dies von großer Bedeutung.

Die Matrix verdeutlicht die Wichtigkeit einer strategischen Wahl. Organisationen können wählen, wo sie sich in der Matrix positionieren und wie sie sich innerhalb der Matrix bewegen. Eine Organisation kann sich in der Matrix nach oben und unten sowie nach rechts und links bewegen. Ressourceneffizienz kann gesteigert oder gesenkt werden, genau wie Flusseffizienz. Es gibt keine „optimale Lösung", alles hängt von der Organisation, ihrem Wettbewerbsumfeld, den Bedarfen ihrer Kunden und vor allem ihrer Geschäftsstrategie ab – welchen Wert möchte die Organisation bieten?

KAPITEL 9

Das ist Lean!

Nachdem wir nun eine Vorstellung davon haben, um was es bei der Effizienzmatrix geht, können wir jetzt unsere Definition von Lean auf der Obst-Ebene weiterentwickeln. Hierzu verwenden wir die Effizienzmatrix, um zu zeigen, wie Toyota das TPS beim Autohandel in Japan implementiert hat. Danach nutzen wir die Matrix als eine Art konzeptionelle Brille, durch die wir das Beispiel betrachten; dies hilft uns, eine Arbeitsdefinition von Lean zu entwickeln. Kurz gesagt handelt es sich bei Lean um eine operative Strategie, bei der die Flusseffizienz zu Lasten der Ressourceneffizienz priorisiert wird. Mit anderen Worten ist Lean eine Strategie, um in der Effizienzmatrix in die obere rechte Ecke zu gelangen.

Die superschnelle Wageninspektion

Das Netzwerk der Toyota-Händler in Japan umfasst ungefähr 300 Automobilhandelsunternehmen. Diese Unternehmen steuern ungefähr 5.000 Autohäuser, die meist nach dem *One-Stop-Shop-Prinzip* arbeiten, bei dem Verkauf und Service unter einem Dach angeboten werden.

Seit 1996 hat Toyota sein TPS-basiertes Servicekonzept mit der Bezeichnung Toyota Sales Logistics (TSL) kontinuierlich weiterentwickelt. Toyota gehört nur ein geringer Anteil der Automobilhandelsunternehmen. Daher geht es beim TSL-Konzept darum, den einzelnen Unternehmen mit Rat und Tat bei ihren Verbesserungsmaßnahmen durch die Weiterentwicklung, Verbreitung und Implementierung von TSL zur Seite zu stehen. Das TSL-Konzept deckt sämtliche internen Prozesse eines Autohauses wie Verkauf, Vertrieb und Service ab. Einer dieser Serviceprozesse ist die Wageninspektion.

Eine Wageninspektion wird drei Jahre nach dem Kauf eines Neuwagens und danach alle zwei Jahre durchgeführt. Sie soll sicherstellen, dass der Wagen den geltenden nationalen Sicherheitsstandards entspricht. Eine Wageninspektion in Japan ist sehr umfassend und nimmt fast drei Stunden in Anspruch. Je nachdem, was bei der Inspektion festgestellt wird, werden Maßnahmen vorgeschlagen, bei denen es erforderlich sein kann, dass Teile neu konfiguriert oder ausgetauscht werden müssen.

Der traditionelle, ressourceneffiziente Ansatz

In Japan gehört es traditionell zur Inspektion dazu, dass die Mitarbeiter des Autohauses den Wagen beim Kunden abholen und dort wieder abgeben. Da die Mechaniker jedoch meist sehr beschäftigt waren, dauerte es manchmal mehrere Tage, bis die Inspektion durchgeführt werden konnte. Dies führte zu vollen Parkplätzen. Da in Japan Grundstücksflächen eine knappe Ressource darstellen, zogen die vollen Parkplätze eine Reihe von Problemen nach sich.

Die Wagen mussten ständig umgeparkt werden, was zur Folge hatte, dass sie gelegentlich verschmutzt, verkratzt oder sogar beschädigt wurden.

Ein einziger Mechaniker war für die gesamte Inspektion verantwortlich; und auch wenn die Inspektion eines Wagens theoretisch „nur" drei Stunden in Anspruch nahm, dauerte es meist einige Tage, bis sie abgeschlossen war, da der Mechaniker an mehreren Fahrzeugen gleichzeitig arbeitete. Der Arbeitsumfang der Inspektion war gesetzlich vorgeschrieben. Bezüglich des Arbeitsablaufs gab es aber keine genauen Vorgaben. Jeder Mechaniker hatte seine eigene Arbeitsweise. Das Fehlen klarer Anweisungen führte dazu, dass der Inspektionsprozess schwierig zu managen und vorherzusehen war, was wiederum Schwierigkeiten bei der Planung nach sich zog. Außerdem variierte die Qualität der Inspektion zwischen den einzelnen Mechanikern ganz erheblich. Dennoch arbeiteten die Mechaniker hart, schließlich hatten sie immer etwas zu tun.

Die traditionelle Wageninspektion beinhaltete Probleme, die mit mangelnder Information, unnötigen Arbeiten, Fehlern, Warten auf Ersatzteile, Bewegungen der Mechaniker innerhalb des Inspektionsbereichs sowie einer exzessiven und unnötigen Lagerhaltung der Ersatzteile zu tun hatten. Zudem war das Abholen und Abliefern der Wagen für die Mitarbeiter des Autohauses mit einer Menge Zeit und Aufwand verbunden. Daher mussten die Kunden im Durchschnitt bis zu einer Woche auf ihren Wagen warten.

Die Zielsetzung des neuen Ansatzes: Flusseffizienz

Der neue Prozess zielte darauf ab, den Kunden eine Inspektion zu bieten, bei der sie ihr Fahrzeug im Autohaus abgaben und im Verkaufsraum warteten, bis der Wagen fertig war. Das Ergebnis war ein fünfundvierzig Minuten dauernder Inspektionsprozess.

Es wurde ein standardisierter Ablauf entwickelt, bei dem die Sequenz und Dauer jeder Aktivität und Aufgabe genau definiert wurden. Sämtliche erforderlichen Arbeitsaufgaben wurden identifiziert und standardisiert. Für jede Arbeitsaufgabe wurden Standards entwickelt und alle Mitarbeiter wurden sorgfältig geschult, um den neuen Teamansatz meistern zu können. Das Wissen und die Kompetenz der einzelnen Mitarbeiter wurden anhand einer Kompetenzmatrix gemessen.

Anstatt die Inspektion von einem einzelnen Mechaniker durchführen zu lassen, beinhaltete der neue Ansatz, dass die Arbeit von einem Team bestehend aus einem Prüfer und zwei Mechanikern erledigt wurde. Die beiden Mechaniker arbeiteten gemeinsam, wobei einer für die linke und einer für die rechte Seite des Fahrzeugs verantwortlich war, während der Prüfer den Fortschritt des gesamten Arbeitsprozesses kontrollierte. Der Werkstattbereich wurde neu organisiert, um unnötige Bewegungen zu eliminieren.

Es wurde Spezialausrüstung, wie z. B. ein Werkzeug zum Durchführen des Ölwechsels, entwickelt, um die kritischen Engpässe („bottlenecks") innerhalb des Prozesses zu eliminieren. Außerdem wurden unterschiedliche Visualisierungsmittel eingesetzt, auf denen der aktuelle Status der einzelnen Aktivitäten und deren Resultate angezeigt wurden.

Die Standardisierung und Visualisierung stellte sicher, dass jeder zu jeder Zeit wusste, was zu tun war. Somit war es für alle Beteiligten direkt ersichtlich, wenn Arbeiten nicht innerhalb der angemessenen Zeit oder inkorrekt ausgeführt wurden.

Dieser neue Wageninspektionsprozess hatte mehrere Vorteile. Aus operativer Sicht war die Durchlaufzeit wesentlich kürzer. Die Anzahl der Wagen auf dem Parkplatz nahm ab, genau wie der Lagerbestand an Ersatzteilen. Da die Dauer der Inspektion auf 45 Minuten festgelegt war, wurde die Kapazitätsplanung für die gesamte Werkstatt wesentlich einfacher. Außerdem konnte das Autohaus nun eine gute Balance zwischen der Kapazitätsauslastung und der Sicherung freier Kapazitäten erreichen, um seine Flexibilität zu erhalten. Dies wiederum führte zu einer gleichmäßigeren Arbeitsbelastung und einem geringeren Stress für die Mechaniker und machte es dem Manager einfacher, die Abläufe zu kontrollieren.

Aus Sicht des Kunden bot der neue Ansatz einen schnelleren und wesentlich zuverlässigeren Prozess, der nur noch 45 Minuten dauerte und nicht wie zuvor ca. eine Woche. Darüber hinaus konnte der Kunde nun aus erster Hand nun die Inspektion seines Wagens mitverfolgen.

Der Kunde erhielt die Möglichkeit, direkt Fragen zu stellen und somit Informationen zu den unterschiedlichen Maßnahmen und deren Ergebnissen zu erhalten. Dies ermöglichte es dem Verkaufspersonal, mit dem Kunden ins Gespräch zu kommen und gleichzeitig die geschäftliche Beziehung weiter zu vertiefen. Die Flexibilität nahm dank der erhöhten Planungsfähigkeit ebenfalls zu; den Kunden wurden flexible Abholzeiten und eine flexible Terminplanung für die Wageninspektion angeboten. Inspektionen konnten kurzfristiger geplant und abgesagt werden.

Die superschnelle Wageninspektion in der Effizienzmatrix

Im folgenden Abschnitt wird die Verbesserung des Inspektionsprozesses mithilfe der Effizienzmatrix beschrieben. Die Auswirkungen werden in der nachfolgenden Matrix gezeigt.

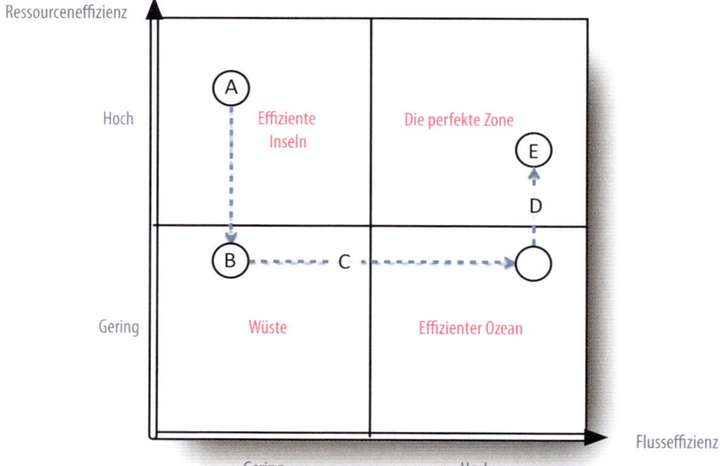

A – Die wahrgenommene Ausgangsposition
Die traditionelle Wageninspektion war anfangs nicht flusseffizient. Auch wenn sich die gesamte effektiv-wertschöpfende Zeit auf nicht mehr als drei Stunden belief, mussten die Kunden für gewöhnlich eine Woche auf ihren Wagen warten. Dies entspricht einem sehr geringen Effizienzgrad.

Die Mitarbeiter verloren wertvolle Zeit damit, die einzelnen Fahrzeuge bei den Kunden abzuholen oder wieder abzuliefern, während sich in der Werkstatt die Umlaufbestände stauten. Es herrschte die Auffassung, dass die Mechaniker ressourceneffizient waren. Schließlich wurde die Ausrüstung genutzt, alle Mitarbeiter arbeiteten hart und die Zahl der Überstunden war hoch. Die Ausgangsposition liegt aus Sicht des Autohauses bei Punkt A in der Abbildung oben: geringe Flusseffizienz und hohe Ressourceneffizienz.

B – Die tatsächliche Ausgangspositio

Die tatsächliche Ausgangsposition liegt bei Punkt B. Die Ressourcen wurden nicht so effizient genutzt wie anfänglich angenommen; ein Großteil der durchgeführten Arbeit war überflüssig. Beispielsweise mussten die Mechaniker unnötige Arbeiten ausführen und die Mitarbeiter waren damit beschäftigt, die Wagen auf dem Parkplatz zu rangieren. Zusätzliche Planung wurde aufgrund der stark variierenden Inspektionsdauer erforderlich.

C – Steigende Flusseffizienz

Pfad C zeigt die anfängliche Bewegung, die das Autohaus innerhalb der Matrix machte. Die Bewegung verdeutlicht die Verbesserung der Flusseffizienz. Die wichtigsten Antriebskräfte, die den dramatischen Anstieg der Flusseffizienz ermöglichten, waren Teamarbeit, Spezialwerkzeuge, Standardisierung und Visualisierung. Die Ausführungsgeschwindigkeit der wertschöpfenden Aktivitäten wurde erhöht und nicht-wertschöpfende Aktivitäten wurden eliminiert. Dies führte zu einer schnelleren Wageninspektion, und das Verkaufspersonal kümmerte sich während der Wartezeit um die Kunden. Der Bedarf der Kunden wurde pünktlich und schneller erfüllt, was auf eine gute Flusseffizienz schließen lässt.

D – Steigende Ressourceneffizienz

Pfad D zeigt, wie das Autohaus seine Ressourceneffizienz steigerte. Die Standardisierung von Arbeitsaufgaben und das Etablieren von Routineabläufen führte dazu, dass unnötige

Arbeiten eliminiert werden konnten, während die Reorganisation der Werkstatt und die Entwicklung neuer Spezialwerkzeuge die Ressourceneffizienz steigerten. Die Ressourceneffizienz wurde auch dadurch verbessert, dass ein einheitlicher Standard festgelegte wurde, der die Kapazitätsplanung vereinfachte. Die 45 Minuten dauernde Inspektionsroutine konnte jetzt als „Baustein" verwendet werden, um den täglichen Arbeitsplan der Mechaniker zu füllen. Somit wurde hohe Flusseffizienz in die Routine integriert und gleichzeitig eine hohe Ressourceneffizienz durch die Kombination von verschiedenen Routinen erreicht.

E – Die Endposition

Die Endposition liegt an Punkt E. Ein interessantes Merkmal der Endposition ist, dass die Ressourceneffizienz weniger als 100 Prozent beträgt. Toyotas Strategie beinhaltet das Vorhandensein freier Kapazitäten, um auf unerwartete Ereignisse reagieren zu können.

Ein U-förmiges Optimierungsmuster

Toyotas Optimierung der Arbeitsabläufe bei den Autohäusern folgt einem U-förmigen Muster. Die „Optimierungsreise" begann bei einer effizienten Insel im Nordwesten, führte dann nach Süden und passierte die dunkelsten Täler der Wüste, bevor sie in Richtung des effizienten Ozeans nach Osten weiter ging. Sie endete im Nordosten, wo die Sonne scheint und kein Wölkchen den Himmel trübt. Dieses Optimierungsmuster verdeutlicht unserer Ansicht nach einige der wesentlichen Merkmale von Lean – nicht umsonst bildeten Toyota und sein TPS die Grundlage für das, was ursprünglich hinter dem Begriff „Lean" stand.

Lean als operative Strategie

Wir sehen Lean als eine operative Strategie an, da es darum geht, wie eine Organisation Werte schafft. Ein wichtiger Punkt hierbei ist, dass diese Strategie jede beliebige Bezeichnung haben könnte: *Lean* ist nur ein Wort. Welche Bezeichnung wir der Strategie geben, hat absolut keine Bedeutung. Wichtig ist jedoch, dass die Strategie a) das Streben nach dem Stern und b) das Bewegen in Richtung Stern beinhaltet, indem die Bewegung in die obere rechte Ecke der Effizienzmatrix führt, wie in der nachfolgenden Abbildung zu sehen ist.

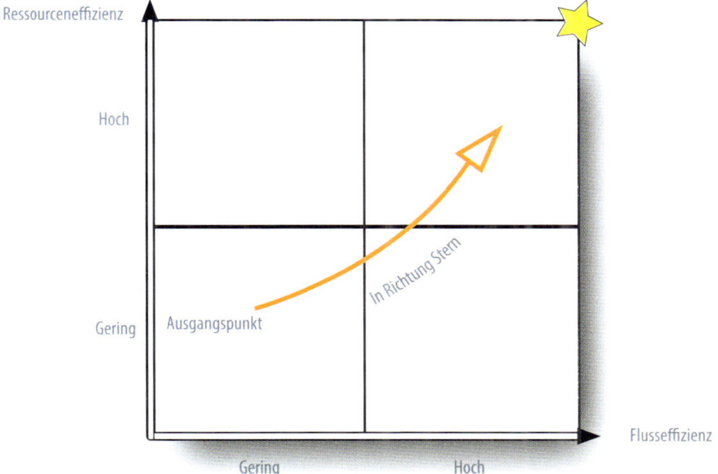

Die Abbildung verdeutlicht, dass eine operative Strategie dann als Lean bezeichnet werden kann, wenn sich die Organisation durch ein Steigern der Flusseffizienz in der Matrix nach rechts bewegt. Bei der Wahl zwischen Fluss- und Ressourceneffizienz liegt die erste Priorität eindeutig auf der Flusseffizienz. Die

Bedeutung der Flusseffizienz wird durch die Aussage des Gründers des Toyota Produktion Systems, Taiichi Ohno veranschaulicht: „Wir analysieren lediglich die Zeitlinie, die mit dem Eingang des Kundenauftrags in unserem Werk beginnt und endet, wenn wir das Geld in Händen halten.“

Indem der Schwerpunkt auf die Flusseffizienz gelegt wird, kann eine Organisation überflüssige Arbeit und Verschwendung deutlich reduzieren. Das Fokussieren auf Flusseffizienz trägt dazu bei, das Effizienzparadox aus Kapitel 4 zu lösen. Durch das Eliminieren von Verschwendung und überflüssiger Arbeit kann die Ressourceneffizienz verbessert werden, was Organisationen in die Lage versetzt, sich in der Matrix nach oben zu bewegen. Das Fokussieren auf Flusseffizienz führt daher zu einer Verbesserung der Ressourceneffizienz.

Es ist wichtig festzuhalten, dass bei einer operativen Strategie, die als Lean definiert ist, der Fokus in erster Linie auf Flusseffizienz liegt und nicht auf Ressourceneffizienz. Durch das Fokussieren auf Ressourceneffizienz entsteht die Tendenz, effiziente, aber suboptimierte Inseln zu schaffen. Im Bereich zwischen den Inseln kommt es häufig zu überflüssiger Arbeit und zu Verschwendung. Ein Fokussieren auf Flusseffizienz hingegen führt zur Einbindung der einzelnen Inseln in ein integriertes System. Dieses integrierte System dient als Basis für eine steigende Ressourceneffizienz. Die Ressourceneffizienz wird auf Systemebene und nicht auf der Ebene der einzelnen Inseln verbessert.

Mittlerweile sollte hoffentlich klar sein, dass Variation der Stolperstein ist, der Organisationen daran hindert, den perfekten Zustand zu erreichen. Daher ist es in einer als Lean definierten operativen Strategie von entscheidender Bedeutung, Variation zu eliminieren, zu reduzieren und zu managen. Die Erkenntnis, dass es unmöglich ist, den theoretisch perfekten Zustand (den Stern) zu erreichen, impliziert, dass eine als Lean definierte operative Strategie immer das Bestreben einschließt, diesem Zustand durch kontinuierliche Verbesserung möglichst nahe zu kommen.

Weit weg vom Wilden Westen

In Kapitel 7 wurden drei Probleme in Zusammenhang mit den zahlreichen Definitionen von Lean definiert. Erstens: Lean wird auf unterschiedlichen Abstraktionsebenen definiert. Zweitens: Lean ist Selbstzweck und nicht Mittel zum Zweck. Drittens: Lean ist alles, was gut ist und alles, was gut ist, ist Lean. Wir haben diese Probleme gelöst, indem wir Lean als operative Strategie definiert haben.

a. Die Definition erfolgt auf der Obstebene, d. h. der höchsten Abstraktionsebene. Das Erhöhen der Abstraktionsebene gibt uns die Möglichkeit, Lean in unterschiedlichen Zusammenhängen einzusetzen. Alles kann mit einem Ziel verbunden werden.
b. Die Definition legt den Fokus auf Flusseffizienz, nicht auf die Mittel. Entscheidend ist, weder Toyota noch dessen TPS zu kopieren. Viel wichtiger ist es, die Beweggründe zu verstehen, d. h. warum Toyota und andere Organisationen, die ihren Schwerpunkt auf Flusseffizienz legen, tun was sie tun. Nur dann kann Ihre Organisation das Gleiche tun.
c. Die Definition ist nicht belanglos und macht es möglich, zu definieren, was Lean ist und was es nicht ist. Die Definition verdeutlicht, dass Flusseffizienz auf Kosten einer effizienten Nutzung von Ressourcen priorisiert wird.

Unser Ziel im Umgang mit diesen drei Problemen ist es, eine kontextspezifische Definition von Lean zu vermeiden. „Lean" ist lediglich ein Begriff, der von Wissenschaftlern aus Europa und den USA, die Toyotas Effizienz untersuchten, kreiert wurde. Es ist wichtig zu betonen, dass die Mittel, die Toyota zur Steigerung der Flusseffizienz verwendete, nicht in jedem Zusammenhang einsetzbar sind. Wie eine als Lean definierte operative Strategie umgesetzt wird, hängt vom Kontext ab. Eine Lösung, die für eine bestimmte Organisation oder ein bestimmtes Umfeld geeignet ist, muss nicht notwendigerweise in einer anderen Organisation oder einem anderen Umfeld funktionieren.

Durch die Definition von Lean als operative Strategie wollen wir zeigen, dass Lean eine strategische Möglichkeit für alle Organisationen darstellt. Organisationen in unterschiedlichsten Bereichen können von einer besseren Flusseffizienz profitieren und langfristig auch ihre Ressourceneffizienz verbessern. Um herauszufinden, ob dies etwas ist, nach dem auch Ihre Organisationen streben sollte, ist es wichtig, dass Sie sich zuerst Ihre Geschäftsstrategie ansehen und sich fragen: „Welchen Wert wollen wir schaffen und wie wollen wir uns gegenüber unseren Wettbewerbern positionieren?"

KAPITEL 10

Umsetzen einer „schlanken“ operativen Strategie

Lean ist eine operative Strategie, die zur Erreichung eines Ziels dient. Hierbei geht es vor allem darum, die Flusseffizienz gegenüber der Ressourceneffizienz zu priorisieren. Um dies zu erreichen, muss Variation eliminiert, reduziert oder gehandhabt werden, während Fluss- und Ressourceneffizienz kontinuierlich gesteigert werden sollten. Aber was müssen Organisationen tun, um Lean, d. h. schlank zu werden? Dies ist eine berechtigte Frage, aber ist es auch die richtige Frage?

Der naive Fremde

Ein warmer Morgen in Nagoya. Drei Wissenschaftler von der Universität Tokyo gehen über die polierten Mamorböden eines 50 Stockwerke hohen Gebäudes, betreten den Aufzug und drücken den Knopf zum 22. Stockwerk. Dort liegt die Rezeption der Toyota Motor Corporation.

Die Männer melden sich an der Empfangstheke an, erhalten ihre Namensschilder und werden dann höflich zu einem weiteren Aufzug gewiesen, der sie in den 42. Stock bringt. Sie werden in Kürze Nishida-san, den Leiter der internen Spezialeinheit treffen, die Toyota 1995 eingerichtet hat, um Konzepte zur Steigerung der Effizienz im Vertrieb, in der Distribution und im Service zu entwickeln.

Nishida-san gehört zu den jüngeren Führungskräften bei Toyota. Trotz der Tatsache, dass er im Unternehmen seit über 37 Jahren die unterschiedlichsten Positionen bekleidet, hat er im Hinblick auf das Toyota Production System immer noch einiges zu lernen. Es dauert 25 Jahre, um Toyotas internes Mitarbeiterentwicklungsprogramm zu absolvieren, und Nishida-san ist, wie er selbst zugibt, nur mit den Grundlagen vertraut.

Der Japaner trägt einen klassisch geschnittenen, graugrünen Armani Anzug. Sein Verhalten macht deutlich, dass er zu denjenigen gehört, die die Vorgaben machen, und dass er deutlich mehr zu sagen hat als die drei anderen Manager, die ihm in den Konferenzraum folgen. Niemand unterbricht Nishida-san, niemand widerspricht ihm und niemand läuft vor ihm.

Die Toyota Mitarbeiter begrüßen ihre Besucher auf ruhige, höfliche Art und überreichen ihre Visitenkarten mit dem Stolz und der Ehrfurcht, die man bei der Übergabe eines Hochzeitsgeschenks an den Kaiser erwarten würde. Nach einer kurzen Vorstellung aller Anwesenden stellt Nishida-san eine Frage, die direkt an den einzigen nicht-japanischen Wissenschaftler gerichtet ist:

> „Sie sind der erste ausländische Wissenschaftler, der uns einen Besuch abstattet. Warum sind Sie hier?"

Der Fremde antwortet nervös in gebrochenem Japanisch:

> „Ich komme aus Schweden und beschäftige mich in meiner Forschung mit ‚schlanken' Dienstleistungen. Ich versuche herauszufinden, wie Dienstleistungsunternehmen das Lean-Konzept umsetzen. Sie haben zahlreiche Werkzeuge und Methoden entwickelt, die Ihren Produktionsprozess zu einem der effizientesten der Welt gemacht haben. Könnten Sie mir erklären, wie Sie diese in Ihrem Dienstleistungssektor implementieren? Wie haben Sie beispielsweise die Methoden und Werkzeuge an ihre Vertriebs- und Serviceprozesse angepasst?"

Nishida-san schaut auf den Tisch, seufzt und hebt dann den Blick. Sein Gesichtsausdruck gleicht dem eines Samurais kurz vor dem Angriff, aber er antwortet mit ruhiger Stimme:

> „Noch ein Fremder, der rein gar nichts verstanden hat."

Nach kurzem Schweigen fährt er fort:

> „Sie haben soeben eine Frage gestellt, die zeigt, dass Sie nicht die geringste Ahnung haben, worum es bei TPS geht. Auf der Grundlage der Werkzeuge und Methoden, die sie in unseren Fabriken gesehen haben, schufen Fremde das Lean-Konzept. Dabei ist ihnen leider vollkommen entgangen, was sie *nicht* gesehen haben. Unsere Philosophie. Sie übersahen das Weiche und Unsichtbare, nämlich die Gründe, warum wir die Werkzeuge und Methoden nutzen.

Wenn Sie zwei Jahre hier bleiben, empfehle ich Ihnen, dass Sie sich auf unsere Kernphilosophie konzentrieren und darauf, diese zu verstehen. Unsere Werte und Prinzipien bilden die Basis unseres Handelns. Wenn Sie sie verstehen, dann verstehen Sie auch, wie es uns gelingt, die Effizienz unserer Dienstleistungsprozesse zu verbessern."

Nishida-san stand auf, ging zum Whiteboard und zeichnete einen Kreis, der den Anfang eines pyramidenförmigen Gebildes aus vielen Kreisen bilden würde. Neben den Kreis schrieb er das Wort „Werte".

„Lassen Sie mich eine Metapher verwenden, um Ihnen das Verständnis zu erleichtern. Als wir die Toyota Motor Corporation gründeten, betrachteten wir unser Unternehmen als einen neu gepflanzten Baum. Damals wussten wir nicht, wie man Bäume pflegt. Unser mangelndes Wissen führte dazu, dass wir sehr vorsichtig agierten. Wir trafen keine übereilten Entscheidungen. Wir stellten uns folgende Fragen:

- Was ist für uns ein schöner Baum?
- Was ist für uns kein schöner Baum?

„Als wir bezüglich dieser Fragen Einigkeit erzielt hatten, fassten wir unsere Gedanken in unseren Werten zusammen. Diese Werte definierten, wie wir uns gegenüber unserem Baum verhalten sollten.

Hierbei war der Kundenfokus immer der wichtigste Wert, d. h. wir wollten die Bedarfe unserer Kunden erfüllen. Die Bedarfe unserer Kunden zu erfüllen, war der schöne Baum. Die Bedarfe der Kunden standen über allem. Indem wir die Bedarfe unserer Kunden erfüllten, konnten wir unseren Baum zum Wachsen bringen. Der Kunde war das Wichtigste und musste vor allem anderen priorisiert werden.

Unsere Werte wurden zu einer Quelle, aus der alle Mitarbeiter Anleitung bezogen. In diesen Werten finden sie die Antworten darauf, wie wir in jeder nur erdenklichen Situation agieren sollten. Diese Werte geben uns vor, wie wir uns zu verhalten haben. Sie wurden zum Kern unserer Kultur.“

Nishida-san fuhr fort, die Zeichnung auf dem Whiteboard fertigzustellen. Er zeichnete zwei weitere Kreise unter dem ersten und verband sie mit dem Kreis an der Spitze der Pyramide. Neben diesen neuen Kreisen schrieb er das Wort „Prinzipien“ und fuhr dann fort:

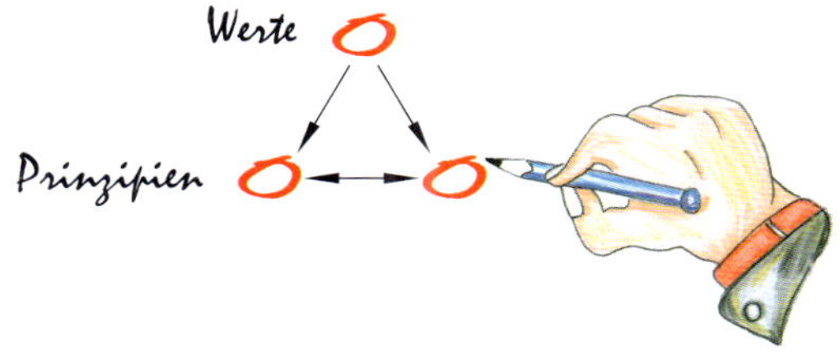

„Während unser Baum wuchs, pflegten wir ihn im Einklang mit unseren Werten. Um sicherzustellen, dass ihm wirklich die beste Fürsorge zuteilwurde, stellen wir uns folgende Fragen:

- Welche Entscheidungen haben wir heute getroffen, die den Baum schöner gemacht haben?
- Welche Entscheidungen haben wir heute getroffen, die den Baum nicht schöner gemacht haben?
- Was können wir daraus lernen, um sicherzustellen, dass der Baum morgen sogar noch schöner sein wird?

Indem wir uns täglich diese Fragen stellten, entwickelten sich sukzessive die Prinzipien, die die Grundlage für unsere Entscheidungen bildeten. Wir begannen, ein Muster in den Pflegemaßnahmen zu erkennen. Die Prinzipien gaben vor, was wir in unserem Geschäft priorisieren sollten und auf welche Weise. Die Prinzipien konnten sich entwickeln, da unser Augenmerk die ganze Zeit über auf unseren Werten lag. Man könnte sagen, dass unsere Prinzipien unsere Werte umsetzten, da sie uns darin anleiteten, wie wir unseren Baum zu pflegen bzw. *nicht* zu pflegen hatten."

Unter dem linken unteren Kreis schrieb Nishida-san: ‚Just-in-time'.

„Nach einem langen Entwicklungsprozess wurde uns klar, dass unser Ansatz in zwei Prinzipien zusammengefasst werden konnte, die den zwei Seiten einer Münze entsprechen.

Das erste Prinzip ist Just-in-time und beschreibt, wie Fluss erzeugt wird. Stellen Sie sich ein Fußballspiel vor. Fluss entsteht, wenn die Mannschaft den Ball von einem Ende des Spielfelds zum anderen Ende passt und im gegnerischen Tor versenkt. Der Ball ist immer in Bewegung. Alle Spieler helfen mit, den perfekten Passweg für den Ball zu ermöglichen. Der Ball bewegt sich über das Spielfeld und landet im Tor. Im Grunde ist ein Tor im Fußball genau das Gleiche wie wenn es uns gelingt, genau das zu liefern, was der Kunde möchte, genau dann wenn er es möchte und genau in der Menge, die er möchte. Beim Kundenservice geht es darum, Tore zu schießen."

Nishida-san schwieg einen Moment und wendete sich dann wieder dem Whiteboard zu. Unter dem rechten unteren Kreis schrieb er das Wort: ‚Jidoka‘.

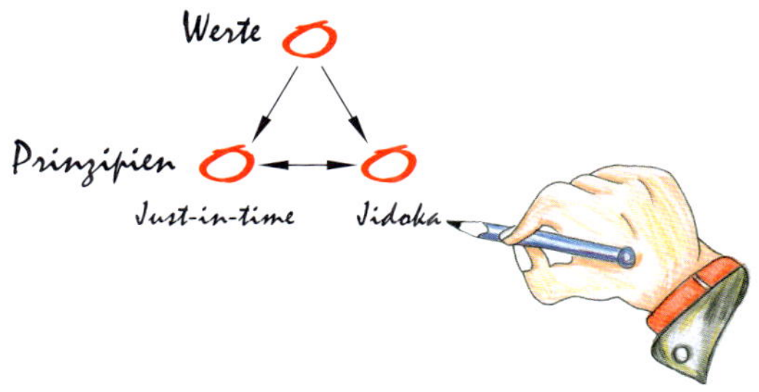

„Jidoka ist die andere Seite derselben Münze. Es ergänzt Just-in-time. Jidoka ist ein relativ abstraktes Prinzip, also werde ich Ihnen eine Frage stellen, die Ihnen hoffentlich das Verständnis erleichtert. Welche Voraussetzungen müssen bestehen, damit eine Fußballmannschaft viele Tore schießt?“

Die Wissenschaftler blickten sich an und fragten sich, ob Nishida-san sich über sie lustig machte. Nichtsdestotrotz begannen sie, Antworten zu geben:

„Eine gute Spieltaktik!“ „Tolle Schüsse!“

„Stärke und Geschwindigkeit!“

„Teamarbeit und Ballgefühl!“

Nishida-san lächelte zufrieden und sagte:

„Sie haben genau die Antworten gegeben, die ich erwartet hatte und keine davon ist richtig. Sie konzentrieren sich zu sehr auf die Voraussetzungen, die erforderlich sind, um Fluss zu kreieren. Jidoka ist jedoch viel einfacher. Beim Fußball ist die Antwort so offensichtlich, dass wir sie nicht als Voraussetzung wahrnehmen.“

Abgesehen davon, dass alle Spieler in der Lage sein müssen, die Spielregeln und die Strategie ihrer Mannschaft zu verstehen, müssen alle Spieler auf allen Positionen immer zu Folgendem in der Lage sein:

- Das Spielfeld, den Ball und das Ziel zu sehen.
- Alle Spieler auf dem Spielfeld sehen.
- Den Spielstand zu sehen.
- Die verbleibende Spielzeit zu sehen.
- Den Pfiff zu hören.
- Ihre Mannschaftskameraden und das Publikum zu hören.

Die Spieler können alles sehen und hören und haben immer den Überblick über das gesamte Geschehen. Aufgrund dieser Voraussetzungen sind sie in der Lage zu entscheiden, was sie als Mannschaft tun müssen, um ein Tor zu schießen. Wenn ein Spieler fault oder eine der Mannschaften ein Tor schießt, pfeift der Schiedsrichter. Alle Spieler hören den Pfiff und das Spiel wird unterbrochen. Dies gilt für die meisten Mannschaftssportarten. Jeder hat jederzeit den kompletten Überblick über die Situation und der Schiedsrichter kann das Spiel von einer Sekunde auf die andere unterbrechen."

Es herrschte Stille im Raum; jeder dachte über das Gesagte nach.

„In einer Organisation ist es viel schwieriger, diese fundamentalen Voraussetzungen zu schaffen. Dort befinden wir uns alle an unterschiedlichen Orten und führen zu unterschiedlichen Zeiten unterschiedliche Dinge aus. Moderne Organisationen gleichen einem riesigen Spielfeld, auf dem Hunderte kleiner Zelte aufgebaut sind, in denen gleichzeitig mit vielen unterschiedlichen Bällen gespielt wird. Die Spieler werden dafür belohnt, dass sie den Ball so häufig wie möglich anspielen und glauben, dass sie ein Tor geschossen haben, wenn es ihnen gelingt, den Ball aus ihrem eigenen Zelt heraus zu kicken. Sie spielen zu unterschiedlichen Zeiten und kennen kaum die Namen der Mitspieler. Niemand sieht den größeren Zusammenhang. Niemand hört das Pfeifen des Schiedsrichters.“

Nishida-san zeichnete einen Pfeil zwischen *Just-in-time* und *Jidoka*. Er fuhr fort:

„Bei Just-in-time geht es darum, einen Fluss zu schaffen, während es bei Jidoka darum geht, klar und eindeutig zu visualisieren, was den Fluss behindert oder stört, um diese Faktoren sofort identifizieren zu können. Die Prinzipien sind die zwei Seiten einer Münze und zusammen ermöglichen sie es unserer Organisation, durch einen kontinuierlichen, starken Kundenfokus „Tore zu schießen“.

Nishida-san wandte sich erneut dem Whiteboard zu und zeichnete eine weitere Ebene von Kreisen. Er zog Pfeile von den sechs neuen Kreisen zu den darüber liegenden. Alles war miteinander verbunden. Neben diesen neuen Kreisen schrieb er das Wort „Methoden".

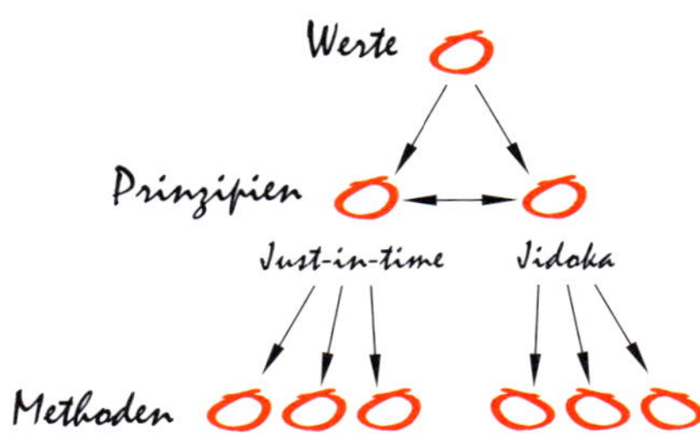

„Während wir unseren geschäftlichen Betrieb entwickelten, indem wir uns bei all unseren Handlungen von den aufgestellten Prinzipien leiten ließen, begannen wir, Muster zu erkennen.

Dieses Mal ging es jedoch nicht darum, herauszufinden, wer wir waren und wie wir Entscheidungen trafen, sondern darum, ein Muster in unseren Handlungen und in der Art der Ausführung verschiedener Aufgaben zu erkennen. Egal um welche Aktivitäten es sich handelte, konzentrierten wir uns immer darauf, die Konzepte Just-in-time und Jidoka umzusetzen. Mit der Zeit begannen wir zu verstehen, wie wir unsere verschiedenen Aufgaben ausführen mussten. Es zeigte sich, dass einige Methoden besser waren als andere. Daher versuchten wir, die beste Art der Aufgabenausführung zu erkennen, zu standardisieren und zu verbreiten. Dies führte zu einer Vielzahl standardisierter Methoden; der Essenz unserer gemeinsam erarbeiteten besten Überlegungen dazu, wie unterschiedliche Aufgaben ausgeführt werden sollten. Diese Methoden standardisierten wiederum, wie wir unsere Prinzipien in unterschiedlichen Situationen auf die bestmögliche Art und Weise umsetzen konnten.

Die Methoden beschrieben, wie wir täglich unseren Baum zu pflegen hatten, damit er seine volle Schönheit entfalten konnte. Lassen Sie mich dies mit einem Beispiel verdeutlichen. Um Just-in-time umzusetzen, entwickelten wir eine Reihe unterschiedlicher Methoden, mit deren Hilfe wir kontinuierlich sicherstellen konnten, dass wir genau das liefern, was der Kunde möchte, zum gewünschten Zeitpunkt und genau in der gewünschten Menge.

Standardisierung als solche ist eine unserer wichtigsten Methoden, mit deren Hilfe man zudem weitere Methoden entwickeln kann. Um einen effizienten Fluss zu schaffen und – was noch wichtiger ist – aufrechtzuerhalten, muss der Fluss irgendwann standardisiert werden, damit alle wissen, wie eine Aufgabe ausgeführt werden soll. Aber wie standardisiert man etwas? Wie etabliert man eine bestmögliche Arbeitsweise? Die Herausforderung ist hierbei dieselbe wie beim Fußball. Wie gelingt es einem Fußballtrainer, eine standardisierte Angriffsmethode einzuführen? Standardisierung ist ein Standard zur Einführung von Standards. Ein Meta-Standard!“

Nishida-san lächelte den Fremden an.

„Es ist uns gelungen, verschiedene Methoden zu entwickeln, die uns helfen, Just-in-time und Jidoka umzusetzen. Visualisiertes Planen ist ein Beispiel für die Methoden, die zur Umsetzung von Jidoka erforderlich sind. Wie ich bereits erwähnt habe, geht es bei Jidoka darum, eine transparente Organisation zu schaffen, in der alles zu jeder Zeit für jeden einsehbar ist. Dies wird durch Visualisieren und das kontinuierliche Aktualisieren aller relevanten Informationen im gesamten Konzern erreicht. Auf den Visualisierungstafeln kann jeder auf einen Blick sehen, was in unserem Unternehmen geschieht. Sobald etwas Unvorhergesehenes eintritt, gibt der erste, der dies bemerkt, Meldung. Alle unterbrechen ihre Arbeit, wir ermitteln die Ursache des Problems, führen Verbesserungen durch und fahren dann fort. Visualisierte Planung ist eine Methode zur

Umsetzung von Jidoka. Man könnte sagen, dass Jidoka die Trillerpfeife des Schiedsrichters ist."

Die Wissenschaftler hatten Schwierigkeiten, Nishida-san zu folgen. Der Toyota-Manager hob die Stimme und fuhr fort.

„Es ist wichtig, dass Sie die Gründe, warum wir visualisieren, wirklich verstehen. Denken Sie an Jidoka! Wir wollen zu jeder Zeit den kompletten Überblick haben. Wenn alle Mitarbeiter ihren Arbeitsfortschritt visualisieren, werden hierdurch zwei Dinge möglich. Erstens – wenn der Prozess plangemäß abläuft, wissen wir, dass wir auf dem richtigen Weg sind. Die visualisierte Information gibt uns die Möglichkeit, zu sehen, dass alles reibungslos läuft. Wir tun, was wir tun sollen. Zweitens – wenn der Prozess vom Plan abweicht, können wir dank der visualisierten Informationen sofort handeln.

Wir können direkt erkennen, wenn etwas nicht stimmt. Wir sehen Abweichungen vom Normalzustand.

Verstehen Sie, was ich meine? Die Visualisierung ermöglicht uns, zu jeder Zeit den Überblick über das gesamte Spielfeld zu haben. Es ist unmöglich, eine komplette Organisation zu steuern. Aber es ist möglich, unsere gesamten Handlungen zu standardisieren und zu visualisieren. Durch Visualisierung können wir die gesamte Organisation einfach steuern, indem wir die Abweichungen vom Standard kontrollieren. Abweichungen können einen Prozess auslösen, der letztendlich zur Verbesserung des Normalzustands führt."

Es herrschte Stille im Raum.

Nishida-san fuhr fort, die Zeichnung auf dem Whiteboard fertigzustellen. Er zeichnete eine letzte Ebene aus 12 Kreisen, und verknüpfte diese auf die gleiche Art wie zuvor mit den darüber liegenden. Er schrieb etwas neben die Kreise, wischte es aber schnell wieder weg und wandte sich dann an die Wissenschaftler.

„Was ist das hier?“

Er drehte sich zum Whiteboard und schlug mit der Hand darauf.

„WAS ist das hier?“

Nishida-san schlug mehrere Male auf das Whiteboard und funkelte die Wissenschaftler an. Keiner hatte eine Ahnung, auf welche Antwort er hinaus wollte. Schließlich hörte Nishida-san auf, auf das Whiteboard zu schlagen, wandte sich den Wissenschaftlern zu und erklärte langsam und deutlich:

„Es ist ein *Whiteboard*, und ich schlage darauf. Es stellt eine Methode dar, die ich vor einer Minute entwickelt habe. Sie heißt *Methode, die verhindert, dass die Wissenschaftler einschlafen*.“

Nishida-san lachte zufrieden. Er kehrte zu seiner Pyramide zurück. Neben der untersten Ebene schrieb er die Worte *Werkzeuge* und *Aktivitäten*.

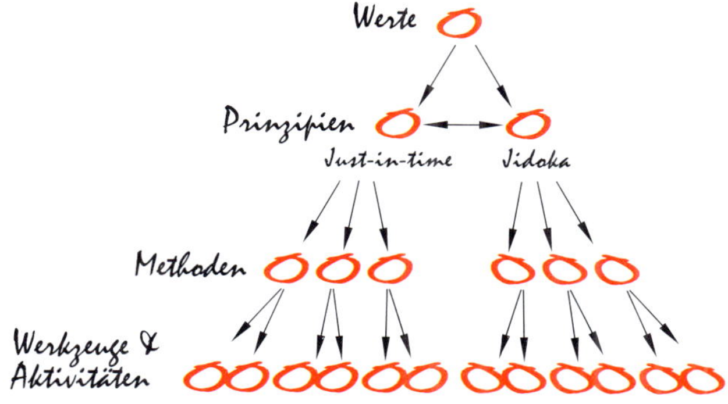

„Das Whiteboard ist ein Werkzeug. Das Schlagen ist eine Aktivität. Werkzeuge und Aktivitäten dienen dazu, Methoden umzusetzen. Eine Methode ist eine Kombination aus Aktivitäten (was wir tun) und Werkzeugen (was uns zur Verfügung steht).

Um die Methode der Standardisierung umzusetzen, haben wir eine A3-Vorlage entwickelt, die in unterschiedliche Felder aufgeteilt ist. Sie wird dazu verwendet, einen Standard zu dokumentieren. Die Vorlage ist ein Werkzeug, das wir zum Standardisieren benötigen. Außerdem haben wir eine Abfolge von Aktivitäten definiert, die ein Mitarbeiter beim Ausfüllen der Vorlage einzuhalten hat. Werkzeuge und Aktivitäten sind die Komponenten der Methoden."

Nisihda-san trat einige Schritte vom Whiteboard zurück und blickte stolz auf sein Meisterwerk. Er wandte sich den Wissenschaftlern zu und erklärte.

„Unsere Werte definieren, wie wir sein sollten, und zwar unabhängig von der Situation oder dem Kontext. Werte sind die Grundlage unserer Existenz und beschreiben den Zustand, nach dem wir kontinuierlich streben.

Unsere Prinzipien definieren, wie wir Entscheidungen treffen und was wir priorisieren sollten. Just-in-time und Jidoka definieren, in welche Richtung sich unser Geschäftsbetrieb entwickeln sollte: Hin zu unseren Kunden! Hin zu unserem gepflegten, schönen Baum!

Die Methoden geben vor, wie wir unterschiedliche Aufgaben ausführen sollten. Methoden sind die Motoren, die uns in die richtige Richtung vorantreiben.

Werkzeuge sind das, was wir benötigen und Aktivitäten das, was wir tun müssen, um eine spezifische Methode umzusetzen.

> Alles ist in einem System miteinander verbunden, das kontinuierlich und in kleinen Schritten dafür sorgt, dass unser Geschäft zu einem sehr schönen Baum heranwächst.“

Nishida-san ging zurück zu seinem Platz und setzte sich hin. Er blickte auf das Whiteboard und wandte sich dem Fremden zu:

> „Bitteschön. Sie haben soeben einen Crash-Kurs im Toyota Production System absolviert. Achten Sie vor allem auf das Wort „System“. Es ist ein System, in dem alles miteinander verbunden ist. Ich hoffe, dass Sie verstanden haben, was ich gesagt habe.“

Der schwedische Wissenschaftler nickte nervös und zeigte seine Dankbarkeit, indem er sich sitzend verneigte. Nishida-san lächelte verschmitzt und stellte eine letzte Frage:

> „Ich gebe Ihnen eine letzte Chance. Formulieren Sie Ihre Frage so um, dass ich denke „Wow“ endlich ein Fremder, der wirklich versteht, worum es beim TPS geht!“

Nishida-san lehnte sich mit einem Ausdruck hoffnungsvoller Erwartung in seinem Stuhl zurück und wandte seinen Blick erneut dem Fremden zu.

Mittel zum Umsetzen einer schlanken operativen Strategie

Die Geschichte, die Nishida-san dem naiven Fremden erzählte, verdeutlicht, dass die Frage „Wie passt eine Organisation die Lean-Methoden und -Werkzeuge an ihre Vertriebs- und Serviceprozesse an?“ nicht wirklich zielführend ist, weil sie auf der Annahme basiert, dass Lean eine Auswahl von Methoden und Werkzeugen ist. Entgegen der weitverbreiteten Meinung geht es bei Lean weder um Methoden und Werkzeuge noch um Prinzipien. Wie bereits erwähnt, sehen wir Lean als eine operative Strategie, mit deren Hilfe wir ein Ziel erreichen. Daher sollte die Frage lauten „Wie setzen wir eine operative Strategie um, die lean ist?“ Die Antwort auf *diese* Frage lautet, dass es mehrere Möglichkeiten und Mittel zum Umsetzen einer schlanken operativen Strategie gibt.

Wir können die Frage noch weiter konkretisieren: „Welche Mittel können wir einsetzen, um eine schlanke operative Strategie umzusetzen?“ und „Welche Mittel werden die Flusseffizienz steigern, ohne die Ressourceneffizienz zu beeinträchtigen sondern diese nach Möglichkeit sogar zu verbessern?“ Wie die Geschichte von Nishida-san zeigt, gibt es viele verschiedene Mittel, die in die vier Gruppen unterteilt werden können, die Nishida-san auf das Whiteboard geschrieben hatte:

- Werte definieren, wie sich eine Organisation *verhalten* sollte.
- Prinzipien definieren, wie eine Organisation *denken* sollte.
- Methoden definieren, wie eine Organisation *handeln* sollte.
- Werkzeuge definieren, was einer Organisation zur *Verfügung stehen* sollte.

Nishida-sans Pyramide zeigt, wie die verschiedenen Mittel auf unterschiedlichen Abstraktionsebenen definiert werden, wobei Werte auf der höchsten und Werkzeuge auf der niedrigsten Abstraktionsebene liegen. Eine schlanke operative Strategie kann auf unterschiedliche Art umgesetzt werden: durch abstraktere Veränderungen, bei denen Werte mit einbezogen und Prinzipien umgesetzt werden, oder durch konkretere Veränderungen, bei denen Methoden und Werkzeuge zu implementieren sind. Einige Organisationen, die mit Lean arbeiten, konzentrieren sich nur auf eine oder wenige dieser Ebenen, während andere sämtliche Ebenen in ihr Handeln miteinbeziehen.

Die unterschiedlichen Mittel, mit denen eine schlanke operative Strategie umgesetzt werden kann, werden in der Literatur ausführlich beschrieben. Die meisten Bücher zum Thema TPS oder Lean enthalten hervorragende Vorschläge, wie eine schlanke operative Strategie umgesetzt werden kann. Wir können offensichtlich eine Menge aus der bestehenden Literatur lernen. Es ist jedoch wichtig zu betonen, dass all die beschriebenen Werte, Prinzipien, Methoden und Werkzeuge für sich genommen nicht „lean“ sind. Sie sind Mittel zum Umsetzen einer schlanken operativen Strategie. Sie als Mittel zu sehen, macht sie nicht weniger wertvoll; vielmehr ist sogar das Gegenteil der Fall:

Indem wir all diese Werte, Prinzipien, Methoden und Werkzeuge als Mittel betrachten, sind wir in der Lage, Zusammenhänge zu erkennen. Dies wiederum hilft uns, die unterschiedlichen und teilweise widersprüchlichen Ratschläge durchzugehen, die wir aus dem Studium der Erfahrung anderer ziehen.

Alles, was uns hilft, die Variation in einer Organisation zu eliminieren, zu reduzieren oder zu handhaben, ist ein gutes Mittel zum Umsetzen einer schlanken operativen Strategie. Durch die Integration von Werten reduziert sich die Spannbreite der Variationen, in der wir uns bewegen. Die Anwendung von Prinzipien reduziert die Variation im Hinblick darauf, wie wir priorisieren und Entscheidungen treffen. Das Standardisieren von Methoden reduziert die Variation im Hinblick auf unser Handeln. Das Implementieren von Werkzeugen reduziert die Variation unserer Ressourcen.

In diesem Zusammenhang ist es wichtig zu verstehen, dass

es in allen Organisationen, ob diese es wollen oder nicht, Werte, Prinzipien, Methoden und Werkzeuge gibt. Die Frage ist lediglich, wie sich diese zusammensetzen, wie deutlich sie sind und in welchem Maß sie innerhalb der Organisation akzeptiert werden.

Wie unterschiedliche Mittel beim Umsetzen einer schlanken Strategie helfen

Damit eine schlanke operative Strategie mithilfe von Mitteln umgesetzt werden kann, muss sie zum Ziel haben, Variation zu eliminieren, zu reduzieren oder zu handhaben, um die Flusseffizienz zu erhöhen; dies ist eine Voraussetzung. Nachfolgend einige Toyota-Beispiele zur Verdeutlichung.

Werte als Mittel:
Reduzieren von Variation in Bezug darauf, wie Mitarbeiter sind
Werte definieren, wie sich eine Organisation verhalten sollte. Welche Werte muss eine Organisation verinnerlichen, um die Flusseffizienz zu verbessern? Wie wir in Kapitel 6 bereits erwähnt haben, legte Toyota im *The Toyota Way* fünf Kernwerte fest. Zwei von diesen, Respekt und Teamarbeit, sind für die Schaffung eines effizienten Flusses unabdingbar.

- Respekt impliziert, alles zu tun, um das gegenseitige Verständnis zu fördern. Man übernimmt Verantwortung und tut sein Bestes, um Vertrauen aufzubauen.
- Teamarbeit impliziert, die persönliche und professionelle Entwicklung anzuregen.

Es geht darum, Möglichkeiten zur Weiterentwicklung mit anderen zu teilen sowie die Leistungen des Einzelnen und der Gruppe zu maximieren.

Indem die Mitarbeiter darin geschult werden, sich gegenseitig zu respektieren und im Team zu arbeiten, werden diese Werte in die Organisation getragen. Das schafft die Bedingungen, die für einen effizienten Fluss durch die gesamte Organisation erforderlich sind. Respekt und Teamarbeit sind Voraussetzungen zum Erreichen einer hohen Flusseffizienz, da alle aufeinander angewiesen sind und zusammen arbeiten müssen.

Prinzipien als Mittel:
Reduzieren von Variation bei der Einstellung der Mitarbeiter

Mithilfe von Prinzipien wird definiert, welche Einstellung die Mitarbeiter haben sollten, damit die Flusseffizienz gesteigert werden kann. Welche Prinzipien sollen gelten, um die Variation in Ihrer Organisation zu eliminieren, zu reduzieren oder zu handhaben?

Die Nishida-san Geschichte verdeutlicht die beiden Prinzipien, die Toyota als Kern des TPS ansieht: Just-in-time und Jidoka. Mit Just-in-time wird ein effizienter Fluss durch die gesamte Organisation geschaffen. Mit Jidoka wird eine bewusste Organisation geschaffen, in der alles verhindert, identifiziert und eliminiert wird, was den Fluss behindert, unterbricht oder verlangsamt.

Diese beiden zentralen Toyota-Prinzipien bilden die Basis, auf der das Unternehmen Fluss schafft. Eine Organisation kann also wählen, ob sie diese beiden Prinzipien beim Entwickeln ihres operativen Betriebs umzusetzen will, oder andere flussfördernde Prinzipien implementieren möchte. Um eine schlanke operative Strategie umzusetzen, kommt es nicht darauf an, wie der Fluss verbessert wird, sondern dass er verbessert wird.

Viele Beobachter sehen den internationalen Lkw-Hersteller Scania als Vorbild für Lean. Von Toyota inspiriert, begann Scania Anfang der 1980er Jahre, seine eigene Version von Lean zu entwickeln, das Scania Production System (SPS). Anstelle von Just-in-time und Jidoka basiert das SPS auf vier Prinzipien, deren Ziele mit denen von Just-in-time und Jidoka vergleichbar sind, nur dass sie auf unterschiedliche Art entwickelt wurden. Sowohl bei Scanias als auch bei Toyotas operativer Strategie steht die Flusseffizienz im Zentrum, der Unterschied liegt darin, dass Scania SPS und Toyota TPS einsetzt. Die Unternehmen verwenden unterschiedliche Mittel, haben aber das gleiche Ziel.

Methoden als Mittel:
Reduzieren von Variation in Bezug auf das, was Mitarbeiter tun

Methoden definieren, wie Mitarbeiter innerhalb einer Organisation handeln sollen, um die Flusseffizienz zu steigern. Eine der zahlreichen, zur Auswahl stehenden Methoden ist die Wertstromanalyse. Toyota hat diese Methode entwickelt, um den bestehenden Fluss in einem Prozess zu analysieren und wertschöpfende Aktivitäten und nichtwertschöpfende. Aktivitäten (Verschwendung) zu erkennen. Andere Organisationen können die Wertstromanalyse als Methode übernehmen und standardisieren und somit ihre bestehenden Prozesse analysieren.

Eine weitere, gängige Methode, die häufig als Teil von Lean angesehen wird, ist die 5S-Methode (Sortieren, Strukturieren, Sauberkeit, Standardisieren und Sicherstellung der Nachhaltigkeit). Kurz gesagt geht es bei 5S darum, dass sich das Richtige am richtigen Ort befindet. Viele Organisationen beginnen, die 5S-Methode einzusetzen, um gut strukturierte, funktionierende Arbeitsplätze zu schaffen. Bei gut organisierten Arbeitsplätzen reduziert sich die Variation, die oftmals dadurch entstehen kann, dass man das, was man gerade benötigt, erst noch suchen muss.

Werkzeuge als Mittel:
Reduzieren der Variation bei den von den Mitarbeitern verwendeten Ressourcen
Schließlich definieren Werkzeuge, über welche Mittel eine Organisation verfügt. Welche Werkzeuge müssen zur Verfügung stehen, um eine schlanke operative Strategie umsetzen zu können? Visualisierungstafeln gehören zu den Werkzeugen, die am stärksten mit Toyota assoziiert werden. Die Absicht ist, den Fortschritt des Prozesses durch die Visualisierung von prozess- und ergebnisorientierten Metriken sichtbar zu machen. Ist der Fluss normal oder weicht er vom Normalzustand ab? Durch Implementieren und Verwenden einer Visualisierungstafel ist eine Organisation in der Lage, den Status des Flusses über den gesamten Prozessablauf hinweg zu sehen und zu steuern. Sobald eine Abweichung entdeckt wird, kann mit dieser umgegangen werden.

Mittel sind nicht universell

Wenn die Mittel zur Umsetzung einer schlanken operativen Strategie auf unterschiedlichen Abstraktionsebenen gesehen werden, ist es einfacher zu verstehen, warum Mittel vom Kontext abhängig sind.

- Je höher die Abstraktionsebene, desto weniger kontextabhängig sind die Mittel.
- Je niedriger die Abstraktionsebene, desto kontextabhängiger sind die Mittel.

In diesem Fall wird der Kontext durch den Typ der Organisation bestimmt, in dem die Mittel entwickelt wurden. Werkzeuge als Mittel befinden sich auf der niedrigsten Abstraktionsebene, was heißt, dass sie am stärksten vom Kontext abhängig sind. Werkzeuge zum Umsetzen einer schlanken operativen Strategie, die in einem bestimmten Kontext entwickelt wurden, sind nicht notwendigerweise auf einen anderen Kontext übertragbar. Das soll jedoch nicht heißen, dass Lean per se ungeeignet ist, sondern lediglich das Werkzeug.

Es ist wichtig, sich vor Augen zu führen, dass Toyotas Mittel in einem Herstellungsunternehmen entwickelt wurden, das durch hohe Volumina und eine relativ geringe Variation beim grundlegenden Aufbau des eigentlichen Produkts geprägt ist. Die meisten Organisationen können sich von Toyotas Mitteln inspirieren lassen und von Toyotas Handeln lernen. Dennoch können oder sollten nicht alle Organisationen, vor allem solche, die in anderen Branchen tätig sind, die von Toyota entwickelten Methoden und Werkzeuge übernehmen.

Dies auch vor dem Hintergrund, dass Toyotas Methoden und Werkzeuge „Gegenmaßnahmen" sind, d. h. Lösungen für Probleme, mit denen das Unternehmen im Zuge seiner Flusseffizienzverbesserung konfrontiert wurde. Stand heute sind somit die besten Lösungen für die Probleme, die Toyota im Laufe der Jahr lösen lösen musste. Die Lösungen von Morgen können jedoch ganz anders aussehen. Diese Sichtweise erklärt, warum Toyota nichts dagegen hat, dass Organisationen aus den Methoden und Werkzeugen lernen, die das Unternehmen in seiner täglichen Arbeit einsetzt.

Für viele Organisationen geht es beim Umsetzen einer schlanken operativen Strategie darum, Lösungen, Methoden und Werkzeuge zu entwickeln, mit denen die Variation eliminiert, reduziert und gemanagt werden kann, die in dem Kontext existiert, in dem diese Unternehmen tätig sind. Es ist sinnvoll, sich bei dieser Entwicklungsarbeit von anderen inspirieren zu lassen. Man sollte jedoch nicht ohne kritisches Hinterfragen die Konzepte anderer einfach kopieren.

Indem Organisationen wirklich verstehen, was Lean ist, können sie ihre eigenen Lösungen für die spezifischen Probleme entwickeln, mit denen sie beim Verbessern ihrer Flusseffizienz und auf ihrem Weg hin zum perfekten Zustand konfrontiert werden.

KAPITEL 11

Sind Sie lean? Lernen Sie Angeln!

Es gibt unterschiedliche Mittel, um eine schlanke operative Strategie umzusetzen. Organisationen können Werte integrieren, um die Flusseffizienz zu verbessern. Es können Prinzipien eingeführt werden, die es den Mitarbeitern ermöglichen, kontinuierlich Entscheidungen zur Verbesserung der Flusseffizienz zu treffen. Methoden können standardisiert und Werkzeuge eingesetzt werden – immer mit dem Ziel, Variation innerhalb der Organisation zu eliminieren, zu reduzieren oder zu managen. Dies verbessert die Flusseffizienz und gibt gleichzeitig die Möglichkeit, Ressourcen effizienter zu nutzen. Es stellt sich jedoch die Frage, wie wir feststellen können, ob eine Organisation nach all diesen Anstrengungen wirklich lean geworden ist?

Wir sind lean, stimmt's?

Das europäische High-Tech-Unternehmen war sehr stolz auf seine Umsetzung des Lean-Gedankens, und das mit Recht. Innerhalb seiner Branche galt es als das Unternehmen, das im Hinblick auf die Umsetzung von Lean am weitesten gekommen war. Unzählige Studentengruppen besuchten das Unternehmen und viele andere Organisationen wollten von diesem erfolgreichen Unternehmen und seinen Erfahrungen mit Lean lernen.

Die Mitarbeiter waren ausgesprochen stolz auf ihr Unternehmen. Nichtsdestotrotz stellten sie sich immer wieder die Frage, ob es noch zusätzliche Aspekte gab, die sie weiter verbessern konnten. Was sollten sie tun, um ihr Unternehmen auf die nächste Ebene zu bringen? Gab es noch eine höhere Ebene oder war ihr Unternehmen im Hinblick auf Lean bereits perfekt?

Um sich bestätigen zu lassen, wie gut sie waren, lud das Unternehmen den berühmten Toyota-Manager Ooba-san ein. Ooba-san war die rechte Hand des noch berühmteren Ohno-san gewesen, der als Vater des Toyota-Produktionssystems (TPS) gilt.

Er wurde eingeflogen, um seine Einschätzung dazu abzugeben, wie das High-Tech-Unternehmen Lean umgesetzt hatte. Nach seiner Ankunft wurde er als erstes durch die Fabrik geführt. Die Vertreter des Unternehmens zeigten voller Stolz, was sie geleistet hatten: Sie zeigten die sauberen Arbeitsplätze, bei denen alles am rechten Ort lag. Sie zeigten ihre Visualisierungstafeln, auf denen alle Aspekte des Unternehmens in Echtzeit verfolgt werden konnten. Sie berichteten stolz über ihre niedrigen Lagerbestände. Sie führten die unterschiedlichen Werkzeuge vor, die zur Verbesserung der Qualität eingesetzt wurden.

„Wir sind lean, stimmt's?" wollte einer der Vertreter des Unternehmens wissen. „Interessant", war der (einzige) Kommentar des japanischen Besuchers.

Ooba-san erhielt auch die Gelegenheit, mit den Arbeitern in der Produktion zu sprechen. Alle Mitarbeiter, mit denen er sprach, kannten die Visionen und Ziele des Unternehmens. Alle wussten, welche Rolle ihre Arbeit in den Arbeitsabläufen des gesamten Unternehmens spielte und wie ihre Arbeit zur Herstellung des Endprodukts beitrug, das schließlich an den Kunden ausgeliefert wurde. Die Arbeiter berichteten begeistert von den Verbesserungsarbeiten, in die sie involviert waren.

„Das ist ja wohl Lean, oder nicht?" fragten die Manager des Unternehmens. Wieder war „interessant" Ooba-sans einzige Äußerung.

Nach der Führung versammelten sich alle, die Ooba-san begleitet hatten, im Konferenzraum, in dem die Diskussion weitergeführt wurde. Die Vertreter des Unternehmens wollten gerne von Ooba-san erfahren, wie lean ihr Unternehmen war. Er äußerte sich jedoch nicht, was dazu führte, dass sich eine gewisse Frustration im Raum breit machte. Schließlich verdeutlichte der Vorstandsvorsitzende des Unternehmens:

> „Ooba-san, wir haben Ihnen die gesamte Fabrik gezeigt und Ihnen von unserer Arbeit mit Lean berichtet, auf die wir sehr stolz sind. Jetzt würden wir gerne wissen, ob Sie dies für Weltklasse-Lean halten?"

Ooba-sans Antwort war kurz und bündig:

> „Diese Frage kann ich leider nicht beantworten, da ich gestern nicht hier war."

Wann gilt eine schlanke operative Strategie als umgesetzt??

Die Geschichte von Ooba-san verdeutlicht einen zentralen Aspekt von Lean, und zwar, dass Lean kein statischer Zustand ist, der erreicht werden kann. Lean ist nicht Etwas, das man abschließen kann. Lean ist vielmehr ein dynamischer Zustand, der durch kontinuierliche Verbesserung charakterisiert wird.

Wenn wir Lean als operative Strategie betrachten, ist die Frage „Wann sind wir lean?“ falsch. Stattdessen sollte die Frage lauten: „Wann gilt eine schlanke operative Strategie als umgesetzt?“ Das Ziel einer schlanken operativen Strategie ist es, die Flusseffizienz zu verbessern, ohne dabei die Ressourceneffizienz zu vernachlässigen bzw. im Idealfall auch diese noch zu verbessern. Die Strategie wäre umgesetzt, wenn das Ziel erreicht wäre. Es gibt zwei Extreme, um ein Ziel zu definieren: statisch oder dynamisch.

Eine operative Strategie mit statischem Ziel

Von einer statischen Perspektive aus betrachtet, beinhaltet das Entwickeln einer schlanken operativen Strategie, dass ein klar definiertes Ziel für Flusseffizienz gesetzt wird. Verbesserung wird als ein Projekt betrachtet, als eine Transformation von einem oder mehreren Prozessen mit dem Ziel, eine substanzielle Verbesserung der Flusseffizienz zu erreichen. Wenn ein Transformationsprojekt ein klar definiertes Ziel hat, wird die Flusseffizienz vor und nach der Veränderung gemessen. Das Ausmaß, um das sich die Flusseffizienz verbessert hat, kann dann dazu verwendet werden, um den Erfolg eines bestimmten Projekts zu messen. Die Messung kann auch für interne und externe Vergleiche herangezogen werden, indem man Fragen wie „Wo und wann ist der Fluss am effizientesten?“ stellt. Die nachfolgende Abbildung zeigt eine operative Strategie mit einem statischen Ziel.

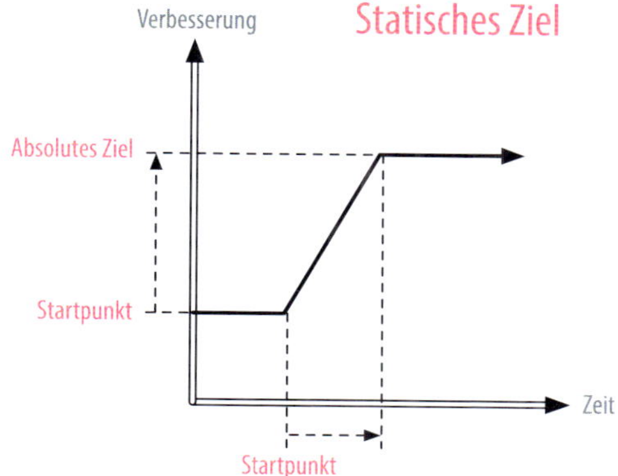

Die Abbildung zeigt ein Projekt, das über einen bestimmten Zeitraum den absoluten Grad der Flusseffizienz verbessert hat. Die Abbildung zeigt den Übergang von einem statischen Zustand in einen anderen.

Wie die Geschichte von Ooba-san zeigt, ist der statische Ansatz nicht der richtige. Viele Organisationen sehen Lean als etwas an, das einfach umgesetzt werden kann und bei dem sie an einem bestimmten Punkt sagen können „so, jetzt sind wir fertig“. Diese Fehleinschätzung beruht auf der häufig unscharfen, Werkzeug-basierten und Methoden-fokussierten Definition von Lean. Natürlich kann die Umsetzung von Lean aus kleineren Projekten bestehen, die ihrerseits klare Ziele haben. Entscheidend ist jedoch das Bewusstsein, dass die Umsetzung einer schlanken operativen Strategie ein Prozess ist, der immer weiter läuft. Lassen Sie uns ausführen, was wir damit genau meinen.

Eine operative Strategie mit dynamischem Ziel

Beim dynamischen Ansatz liegt der Fokus nicht auf der absoluten, sondern auf einer kontinuierlichen Verbesserung der Flusseffizienz. Hierbei betrachtet eine Organisation die

Umsetzung einer schlanken operativen Strategie als einen Zustand, der sich kontinuierlich verändert, und nicht als etwas Statisches. Das heißt, dass eine schlanke operative Strategie dann als umgesetzt gilt, wenn eine Organisation ihre Flusseffizienz kontinuierlich verbessert. Die nachfolgende Abbildung zeigt den dynamischen Ansatz.

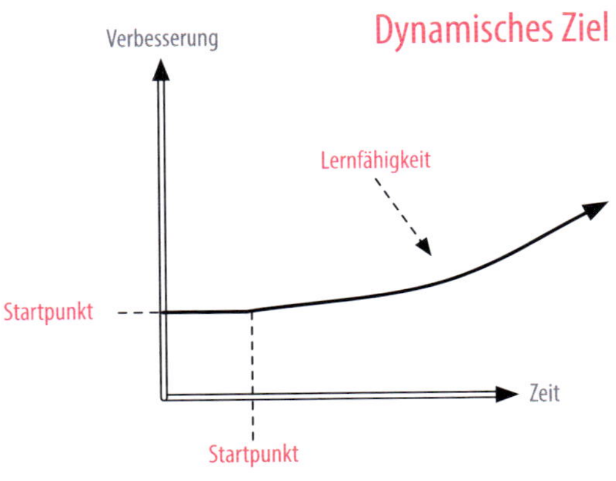

In der Abbildung ist zu sehen, dass das Ziel nicht auf der vertikalen Achse liegt. Das Wichtigste ist also nicht die absolute Ebene. Die Steigung der Kurve illustriert den dynamischen Zustand, der durch kontinuierliche Verbesserung bestimmt wird.

Die sich kontinuierlich verbessernde Organisation

Die Geschichte von Ooba-san verdeutlicht Toyotas Sichtweise im Hinblick auf die Umsetzung einer schlanken operativen Strategie, bei der es darum geht, eine Organisation zu schaffen, deren Fluss sich kontinuierlich verbessert. Die einzige Möglichkeit festzustellen, ob eine Organisation lean ist, ist der Vergleich ihrer Leistung zu zwei unterschiedlichen

Zeitpunkten. Die Organisation befindet sich dann in einem dynamischen Zustand, wenn sie kontinuierliche Verbesserung vorweisen kann.

Beim Umsetzen einer schlanken operativen Strategie geht es also nicht nur darum, den aktuellen Fluss zu verbessern, sondern auch darum, sich auf unterschiedliche Weise kontinuierlich zu verbessern. Eine Organisation, die kontinuierlich ihren Fluss verbessert, wird immer neue Erkenntnisse gewinnen, ein neues Verständnis entwickeln und neue Erfahrungen sammeln sowie Neues über die Bedarfe ihrer Kunden und die möglichst effiziente Erfüllung dieser Bedarfe lernen.

„Was haben wir bei diesem Projekt gelernt?“ ist die Frage, die aus einer statischen Perspektive gestellt werden würde. Eine Organisation, die einen dynamischen Ansatz verfolgt, würde stattdessen fragen „Wie können wir sicherstellen, dass wir täglich etwas Neues lernen?“

Dieser Ansatz bei der Umsetzung einer schlanken operativen Strategie hat also rein gar nichts mit der Sichtweise zu tun, dass es bei Lean um unterschiedliche Werkzeuge geht, die implementiert werden müssen.

Einen Riesenfisch fangen oder Angeln lernen?

Die Diskussion darüber, ob ein statisches oder ein dynamisches Ziel verfolgt werden soll, wirft eine zentrale Frage auf: „Was meinen wir, wenn wir von Verbesserung sprechen?“

Die klassische Sichtweise von Verbesserung entspricht dem statischen Ansatz. Nehmen wir an, eine Organisation ist der Meinung, dass sie ein Problem hat; lassen Sie uns das Problem mit einem „Riesenfisch“ gleichsetzen. Die Organisation investiert eine Menge Ressourcen, um den Riesenfisch zu fangen. Bei dem Verbesserungsprojekt geht es also darum, „den Riesenfisch an den Haken zu bekommen". Hierbei spielt es keine Rolle, ob das Verbesserungsprojekt von externen Beratern, internen Beratern oder Mitarbeitern durchgeführt wird – das Projekt gilt als abgeschlossen, sobald „der Riesenfisch am Haken ist". Es gibt einen Anfang und ein Ende.

Toyotas Sichtweise von Verbesserung deckt sich mit dem dynamischen Ansatz. Toyota geht grundsätzlich davon aus, dass Probleme auftreten werden. Entscheidend ist, sicherzustellen, dass alle Mitarbeiter wissen, wie man angelt, und dass Toyotas Verbesserungsprojekte darauf abzielen, „den Mitarbeitern das Angeln beizubringen".

Jeder hat jederzeit die Möglichkeit, seine Fertigkeiten beim Angeln zu verbessern und es wird immer neue Fische geben. Große und kleine. Schnelle und langsame. Fische, die sich leicht und solche, die sich nur schwer fangen lassen. Ausschlaggebend sind die Angelfähigkeiten der Organisation. Folglich liegt bei einem Verbesserungsprojekt, bei dem es einen Anfang und ein Ende gibt, der Schwerpunkt auf der Fähigkeit zu angeln und nicht auf dem eigentlichen Fisch.

Bevor Veränderungsprozesse angestoßen werden, sollte sich die Organisation fragen, was sie unter Verbesserung versteht.

„Was meinen wir, wenn wir von Verbesserung sprechen?" Wollen wir den Riesenfisch fangen oder Angeln lernen? Jeder kann den Riesenfisch fangen. Wie man allerdings eine Organisation dazu bringt, „selbständig zu angeln" ist etwas vollkommen anderes.

NACHWORT

Entwickeln Sie ein „schlankes“ Outfit!

Stellen Sie sich vor, es läge ein gigantischer Kleiderberg vor Ihnen auf dem Fußboden. Hosen und Röcke, Hemden und Blusen, Socken und Unterwäsche. Unterschiedliche Kleidungsstücke für unterschiedliche Anlässe und unterschiedliche Zwecke. Kleider für den Alltag, für Partys, zum Joggen und zum Arbeiten.

Der Kleiderberg ist unüberschaubar und wächst mit jedem Kleidungsstück, das Sie kaufen. Zum Schluss ist er so hoch, dass es schwierig wird, das richtige Kleidungsstück für den jeweiligen Anlass zu finden. Es dauert lange, um fündig zu werden, und Sie müssen gründlich suchen. Sie haben ganz einfach den Überblick verloren. Um das richtige Outfit für die Party am Freitag zu finden, benötigen Sie ein System zum Sortieren.

Die Kleider sind eine Metapher für all das Wissen, das in Zusammenhang mit Lean und Toyota veröffentlicht wurde. Es war nie unsere Absicht, dieses Wissen in Frage zu stellen, im Gegenteil, wir halten es sogar für äußerst wichtig. Allerdings hat dieses Wissen im Laufe der letzten Jahre gewaltig zugenommen – der Wissenspool ist enorm groß und unübersichtlich geworden. Und genau so schwierig, wie das passende Kleidungsstück in dem gigantischen Kleiderberg zu finden, ist es zu bestimmen, welches Wissen für Ihr Unternehmen das richtige ist.

Das ist Lean ist ein Versuch, ein System zum Sortieren zu schaffen. Es ist unsere Hoffnung, dass Ihnen das Buch als Kleiderschrank dient, der Ihnen hilft, Ordnung in Ihren Kleiderberg zu bringen.

Wir möchten Ihnen helfen, damit Sie die Bluse für das Meeting, die Sandalen für den Strand und die Mütze für den kalten Wintertag schnell und problemlos finden – das passende Kleidungsstück für den jeweiligen Anlass.

Bleiben wir noch etwas bei der Kleidermetapher: Wir haben das Buch bewusst auf einem hohen Abstraktionsniveau gehalten. Dies ermöglichte es uns zu definieren, was ein bestimmtes Kleidungsstück ist und was es nicht ist. Das ist eine Hose und das ist keine Hose. Das ist eine schlanke operative Strategie und das ist keine schlanke operative Strategie. Wir vertreten die Auffassung, dass bei einer schlanken operativen Strategie der Fokus auf Flusseffizienz liegt. Das bedeutet, dass eine operative Strategie, die auf Ressourceneffizienz fokussiert, nicht schlank ist.

Uns geht es nicht darum, eine bestimmte operative Strategie zu empfehlen. Es ist wichtig, sich dessen bewusst zu sein, dass sowohl Ressourceneffizienz als auch Flusseffizienz ihre Vor- und Nachteile haben. Wir möchten Ihnen also kein bestimmtes Kleidungsstück empfehlen – was wir Ihnen empfehlen möchten, ist eine informierte Entscheidung zu treffen. Wir können die Frage, welche operative Strategie die beste für Ihre Organisation ist, leider nicht beantworten. Die Entscheidung für eine bestimmte operative Strategie muss immer an die gewählte Geschäftsstrategie gekoppelt sein. Je besser eine Organisation versteht, was diese unterschiedlichen Entscheidungen beinhalten, desto größer ist die Wahrscheinlichkeit, dass die richtige Wahl getroffen wird.

Daher haben wir versucht, ein Verständnis dafür zu vermitteln, wie die Kleider sortiert werden können, damit sie leichter zu finden sind. Einige Kleider passen allen, während andere nur für bestimmte Menschen geeignet sind. Wir haben unterschiedliche Mittel zum Umsetzen einer schlanken operativen Strategie beschrieben. Werte und Prinzipien, Methoden und Werkzeuge, abstrakt und konkret, allgemein und spezifisch: Es ist unmöglich, zwei operative Strategien auf genau die gleiche Art umzusetzen.

Das Ziel dieses Buches ist es, Organisationen dabei zu helfen, alles das, was über Lean und TPS geschrieben wurde, besser sortieren und einordnen zu können.

Genau wie ein Kleiderschrank es leichter macht, das richtige Kleidungsstück zu finden, hoffen wir, dass dieses Buch es leichter macht, herauszufinden, was für eine bestimmte Organisation richtig bzw. nicht richtig ist. Es ist unsere Aufgabe als Wissenschaftler, Strukturen zu schaffen (wir nennen es Theorien), um die Welt um uns herum verständlich und begreifbar zu machen.

Ziel dieses Buches war es, Klarheit zu schaffen und die Umsetzung einer schlanken operativen Strategie zu vereinfachen. Klarheit zu schaffen, ist immer gut. Nichtsdestotrotz stellt das Umsetzen einer schlanken operativen Strategie eine enorme Herausforderung dar. Die Umwandlung einer ressourceneffizienten Organisation in eine flusseffiziente Organisation erfordert Veränderungen auf unterschiedlichen Ebenen wie z. B. bei der organisatorischen Struktur, den Kontrollsystemen, den Anreizsystemen, den Karrierestrukturen und den Rekrutierungsprozessen. Es gibt keine schnelle und einfache Lösung. Eine komplette Organisation dazu zu bringen, ihren Fokus von Ressourceneffizienz auf Flusseffizienz zu verschieben und alle Mitarbeiter dazu zu bringen, kontinuierlich daran zu denken, wie der Fluss verbessert werden kann, stellt enorme Anforderungen an die Unternehmensführung.

Toyota-Mitarbeiter berichten gerne über ihre Methoden und Werkzeuge sowie über ihre Prinzipien und Werte. Dennoch stellt sich die Frage, wie und warum es Toyota immer wieder gelungen ist, selbständige Organisationen auf der ganzen Welt aufzubauen, bei denen sich der Fluss kontinuierlich verbessert. Dieses Wissen ist schwierig zu entschlüsseln und es hat fast hundert Jahre gedauert, um es zu entwickeln. Toyotas Kleiderschrank ist niemals voll, komplett oder fertig. Aber Toyotas Mitarbeiter sind weltweit die besten, wenn es darum geht, die folgende Frage zu stellen:

> „Können wir noch irgendeine kleine Veränderung vornehmen, die uns morgen noch ein bisschen besser macht als heute?”

Referenzen

Um den Lesefluss nicht zu beeinträchtigen, haben wir uns entschieden, die Referenzen am Ende des Buches anzugeben. Außerdem geben wir unseren Lesern, die an spezifischen Teilen oder Themen des Buches besonders interessiert sind, Anregungen für weiteren Lesestoff. Das Angebot an interessanter Literatur zum Thema Lean ist groß und im Rahmen dieses Buches konnten wir nur einen kleinen Teil davon abdecken.

Vorwort

Die Geschichten von Eva und Sabine sind erfunden, aber sämtliche Daten (z. B. 42 Tage und zwei Stunden) entsprechen der Wirklichkeit. Die Geschichten basieren auf Sekundärdaten und wurden von fünf Personen Korrektur gelesen, die im Gesundheitswesen tätig sind.

In Sabines Geschichte wird die traditionelle Herangehensweise beschrieben. Wir möchten betonen, dass es bei der Reihenfolge, in der die einzelnen Schritte ausgeführt wurden sowie bei der Übermittlung der Informationen Unterschiede geben kann. Dennoch ist der Prozess, den wir im Buch beschreiben, in hohem Maß für die traditionelle

Vorgehensweise beim Erstellen einer Brustkrebsdiagnose repräsentativ.

In Evas Geschichte wird eine patientenorientierte Arbeitsweise beschrieben. Die Beschreibung des Brustkrebszentrums basiert auf einem Projekt, das vom Universitätskrankenhaus Mas im schwedischen Malmö in Zusammenarbeit mit der schwedischen Organisation CTRF (Cancer- och Trafikskadades Riksförbund) initiiert wurde. Das Projekt wurde versuchsweise im April 2004 gestartet, aber 2009 beendet. Für weitere Informationen zu dem Projekt empfehlen wir folgende Referenzen:

Niklas Källberg, Helena Bengtsson und Jon Rognes (2011), "Ersättningssystem och vårdprocesser", *Leading Healthcare Report*. Der Report ist über die Webseite www.leadinghealthcare.se erhältlich.

Ingrid Ainalem, Birgitta Behrens, Lena Björkgren, Susanne Holm und Gun Tranström (2009), *Från funktion till process till patientprocess – Bröstmottagningen, ett exempel*, Lunds Tekniska Högskola, Lund.

Kapitel 1

Es gibt fast unendlich viele Referenzen, die sich mit der Bedeutung der effizienten Nutzung von Ressourcen für unseren wirtschaftlichen Wohlstand beschäftigen. Adam Smith zeigte bereits 1776, wie man mithilfe von Arbeitsteilung die Zahl der von einer Person produzierten Stecknadeln dramatisch steigern konnte. Durch das Einteilen der Produktion einer Stecknadel in 18 unterschiedliche Teilschritte und indem man jeweils eine Person bestimmte Schritte ausführen ließ, konnte man den Produktionstakt im Vergleich dazu, wenn alle 18 Schritte von einer Person ausgeführt wurden, dramatisch steigern. Weiterführende Literatur:

Adam Smith (1776/1937), *An Inquiry into the Nature and Causes of the Wealth of Nations*, Modern Library, New York.

Die Erkenntnis über die Wichtigkeit, Ressourcen effizient zu nutzen, erhielt Anfang des 20. Jahrhunderts einen immensen Aufschwung. Einer derjenigen, die hierzu ihren Beitrag leisteten, war Frederick Winslow Taylor, der unter anderem mit unterschiedlichen Schaufelgrößen und -takten arbeitete, um das Schaufeln der Werksarbeiter zu optimieren. Unabhängig davon, worauf seine Arbeiten ausgerichtet waren, ging es vor allem darum, Personen und Maschinen möglichst effizient zu nutzen. Weiterführende Literatur:

Frederick Winslow Taylor (1919), *The Principles of Scientific Management*, Harper Brothers, New York.

Kapitel 2

Eine ausgezeichnete, wenn auch etwas technische Beschreibung von Prozessen in Organisationen und deren Eigenschaften entnehmen Sie:

Ravi Anupindi, Sunil Chopra, Sudhakar D. Deshmukh, Jan A. Van Mieghem und Eitan Zemel (2012), *Managing Business Process Flows* (3rd edition), Prentice Hall, Upper Saddle River, New Jersey.

Einer der Autoren, die für eine geringe Anzahl von Prozessen innerhalb einer Organisation plädieren, ist:

Thomas H. Davenport (1993), *Process Innovation: Reengineering Work through Information Technology,* Harvard Business School Press, Boston, Massachusetts.

Für eine Erklärung des Unterschieds zwischen wertschöpfender und werterhaltender Zeit sowie eine Diskussion über den Unterschied zwischen Dichte und Geschwindigkeit beim Werttransfer, siehe:

Takahiro Fujimoto (1999), *The Evolution of a Manufacturing System at Toyota*, Oxford University Press, Oxford.

Das Kapitel ist die Weiterführung eines Textes, der zuerst im folgenden Buch veröffentlicht wurde:

Pär Åhlström (2010), ”Om processers betydelse för verksamhetsutveckling i världsklass” in Pär Åhlström (Red.), *Verksamhetsutveckling i Världsklass*, Studentlitteratur, Lund.

Kapitel 3

Eine äußerst technische, für den mathematisch bewanderten Leser gedachte Beschreibung der Gesetze, die den Prozessablauf bestimmen, finden Sie in:

Wallace J. Hopp und Mark L. Spearman (2000), *Factory Physics: Foundations of Manufacturing Management*, Irwin/McGraw-Hill, Boston, Massachusetts.

Eine ausgezeichnete Arbeit über das Phänomen der Engpässe (bottlenecks) ist:

Eliyahu M. Goldratt und Jeff Cox (1986), *The Goal: A Process of Ongoing Improvement*, North River Press, Crotonon-Hudson, New York.

Die ursprüngliche Arbeit, die sich mit dem Zusammenhang zwischen Variation, Ressourceneffizienz und Durchlaufzeit beschäftigt, wird in folgendem Artikel beschrieben:

Sir John Frank Charles Kingman (1966), "On the Algebra of Queues", *Journal of Applied Probability*, Vol. 3, No. 2, pp. 285–326.

Für eine leichter zugängliche Beschreibung dieses Zusammenhangs sowie dessen Bedeutung für die Strategie des spanischen Textilunternehmens Zara möchten wir Ihnen folgendes Werk wärmstens ans Herz legen:

Kasra Ferdows, Michael A. Lewis und Jose A.D. Machuca (2004), "Rapid-Fire Fulfilment", *Harvard Business Review*, Vol. 82, No. 11, pp. 104–110.

Das Kapitel ist die Weiterführung eines Textes, der zuerst im folgenden Buch veröffentlicht wurde:

Pär Åhlström (2010), "Om processers betydelse för verksamhetsutveckling i världsklass" in Pär Åhlström (Red.), *Verksamhetsutveckling i Världsklass*, Studentlitteratur, Lund.

Kapitel 4

Was wir in dem Kapitel als Mehrarbeit beschreiben, gleicht dem, was John Seddon als *failure demand* bezeichnet, einem Phänomen, das im Dienstleistungssektor auftritt. Failure demand wird als „ein Bedarf, der aufgrund eines missglückten Versuchs, einen Kunden zufriedenzustellen entsteht" beschrieben. Durch Verwendung des Ausdrucks Mehrarbeit möchten wir den Schwerpunkt vor allem auf den Arbeitseinsatz und weniger auf den Bedarf legen. Für eine ausführlichere Diskussion über das Phänomen failure demand empfehlen wir:

John Seddon (2005), *Freedom from Command and Control: Rethinking Management for Lean Service*, Productivity Press, New York.

Eine klassische Beschreibung der Funktionen des menschlichen Gehirns und dessen begrenzter Fähigkeit, Informationen zu bearbeiten, wird beschrieben in:

> George A. Miller (1956), "The Magical Number Seven, Plus or Minus Two: Some Limits on Our Capacity for Processing Information", *Psychological Review,* Vol. 63, No. 2, pp. 81–97.

Kapitel 5

Toyota war nicht unbedingt das Unternehmen, das als erstes den Großteil der Methoden und Werkzeuge entwickelte, die in einer flussorientierten Produktion verwendet werden. Dennoch ist Toyota zweifelsohne das Unternehmen, das am stärksten mit der flusseffizienten Produktion in Verbindung gebracht wird. Für eine ausgezeichnete historische Beschreibung der Vorgänger der flussorientierten Produktion empfehlen wir:

> Frank G. Woollard und Bob Emiliani (2009), *Principles of Mass and Flow Production*, Center for Lean Business Management, Wethersfield, Connecticut.

Die Geschichte, die hinter dem Toyota Production System steht, wurde bewusst relativ kurz gehalten. Für diejenigen Leser, die sich eingehender mit dem Thema beschäftigen möchten, gibt es zahlreiche ausführliche Beschreibungen. Die Geschichte der Entwicklung des Toyota Production Systems aus erster Hand sowie die Definitionen der sieben Arten von Verschwendung werden im nachfolgenden Werk hervorragend beschrieben:

> Taiichi Ohno (1988), *Toyota Production System: Beyond Large-Scale Production*, Productivity Press, New York.

Folgender Artikel gibt einen hervorragenden historischen Überblick über die Entwicklung des Toyota Production Systems:

Matthias Holweg (2007), "The Genealogy of Lean Production", *Journal of Operations Management*, Vol. 25, No. 2, pp. 420–437.

Für diejenigen, die an einer ausgezeichneten Analyse der Entwicklung des Toyota Production Systems interessiert sind, empfehlen wir:

Takahiro Fujimoto (1999), *The Evolution of a Manufacturing System at Toyota*, Oxford University Press, Oxford.

Das Kapitel ist die Weiterführung eines Textes, der zuerst im folgenden Buch veröffentlicht wurde:

Niklas Modig (2010), "Vad är lean?" in Pär Åhlström (Red.), *Verksamhetsutveckling i Världsklass,* Studentlitteratur, Lund.

Kapitel 6

In diesem Kapitel haben wir lediglich einen Bruchteil der Literatur behandelt, die zu Lean und zum Toyota Production System erschienen ist. Wir haben uns auf die zentralen Werke konzentriert. Auf die nachfolgende Literatur verweisen wir im Text in der unten genannten Reihenfolge.

Taiichi Ohno (1988), *Toyota Production System: Beyond Large-Scale Production*, Productivity Press, New York.

John Krafcik (1988), "Triumph of the Lean Production System", *Sloan Management Review*, Vol. 30, pp. 41–52.

James P. Womack, Daniel T. Jones und Daniel Roos (1990), *The Machine that Changed the World*, Rawson Associates, New York.

James P. Womack und Daniel T. Jones (1996), *Lean Thinking: Banish Waste and Create Wealth in your Corporation*, Simon and Schuster, New York.

Takahiro Fujimoto (1999), *The Evolution of a Manufacturing System at Toyota*, Oxford University Press, Oxford.

Steven Spear und H. Kent Bowen (1999), "Decoding the DNA of the Toyota Production System", *Harvard Business Review*, Vol. 77, No. 5, pp. 96–106.

Jeffrey K. Liker (2004), *The Toyota Way: 14 Management Principles from the World's Greatest Manufacturer*, McGraw Hill, New York.

Die quantitative Untersuchung, auf die im Kapitel verwiesen wird, wurde im November 2010 von Erik A. Forsman und Dan Spinelli Scala im Rahmen von deren Examensarbeit an der Handelshochschule in Stockholm durchgeführt.

Kapitel 7

Für eine ausführlichere Erklärung der Abstraktionsniveaus, der Falsifizierung, des Nutzens und anderer Bausteine in der Theorieentwicklung, empfehlen wir folgende Artikel:

Samuel B. Bacharach (1989), "Organisational Theories: Some Criteria for Evaluation", *Academy of Management Review*, Vol. 14, No. 4, pp. 496–515.

Chimezie A. B. Osigweh, Yg. (1989), "Concept Fallibility in Organizational Science", *Academy of Management Review*, Vol. 14, No. 4, pp. 579–594.

David A. Whetten (1989), "What Constitutes a Theoretical Contribution?" *Academy of Management Review*, Vol. 14, No. 4, pp. 490–495.

Das Kapitel ist die Weiterführung eines Textes, der zuerst im folgenden Buch veröffentlicht wurde:

Niklas Modig (2010), "Vad är lean?" in Pär Åhlström (Red.), *Verksamhetsutveckling i Världsklass,* Studentlitteratur, Lund.

Kapitel 8

Als Literatur zum Thema Geschäftsstrategien und Entscheidungen, vor die Unternehmen unausweichlich gestellt werden, empfehlen wir:

Michael E. Porter (1980), *Competitive Strategy*, Free Press, New York.

Michael E. Porter (1996), "What is Strategy?", *Harvard Business Review*, Vol. 74, No. 6, pp. 61–78.

Allen, die ein tieferes Verständnis zu operativen Unternehmensstrategien erhalten möchten, empfehlen wir:

Hill, Alex und Hill, Terry (2011), *Essential Operations Management*, Palgrave Macmillan, London.

Nigel Slack und Michael Lewis (2015), *Operations Strategy*, Pearson Education, London.

Das Kapitel ist die Weiterführung eines Textes, der zuerst im folgenden Buch veröffentlicht wurde:

Niklas Modig (2010), "Vad är lean?" in Pär Åhlström (Red.), *Verksamhetsutveckling i Världsklass*, Studentlitteratur, Lund.

Kapitel 9

Sämtliche Daten, die die Toyota Motor Cooperation und Toyotas Händlernetz betreffen, wurden von Niklas Modig im Zeitraum von April 2006 bis März 2008 zusammengetragen. Die Datensammlung war Teil eines größeren Forschungsprogramms am Manufacturing Management Research Center an der Universität Tokio.

Für eine Erklärung der Toyota Sales Logistic (auf Japanisch) siehe: http://toyota.jp/after_service/syaken/sonoba/index.html (Abruf am 10. Mai 2015).

Kapitel 10

Sämtliche Daten, die die Toyota Motor Cooperation und Toyotas Händlernetz betreffen, wurden von Niklas Modig im Zeitraum von April 2006 bis März 2008 zusammengetragen. Die Datensammlung war Teil eines größeren Forschungsprogramms am Manufacturing Management Research Center an der Universität Tokio. Nishida-san ist eine fiktive Person, aber der Inhalt der Geschichte (Erklärungen, Illustrationen, Metaphern etc.) basiert auf einer großen Anzahl von Interviews, Diskussionen und informellen Gesprächen zwischen Niklas Modig und Führungskräften und Mitarbeitern der Toyota Motor Cooperation sowie mit unterschiedlichen Autohändlern innerhalb des japanischen Toyota Netzwerks.

Kapitel 11

Die Geschichte von Ooba-san hat sich zu einer Art modernen Legende entwickelt, ist aber vermutlich wahr. Professor Jeffery K. Liker erzählte die Anekdote während einer Konferenz in Schweden im Jahr 2010 einem der Autoren des Buches.

Das Kapitel ist die Weiterführung eines Textes, der zuerst im folgenden Buch veröffentlicht wurde:

Niklas Modig (2010), "Vad är lean?" in Pär Åhlström (Red.), *Verksamhetsutveckling i Världsklass*, Studentlitteratur, Lund.